室内设计

手绘技法与快题表现

曾添　编著

人民邮电出版社

北　京

图书在版编目（CIP）数据

室内设计手绘技法与快题表现 / 曾添编著. —— 北京：
人民邮电出版社，2017.9
ISBN 978-7-115-46487-3

Ⅰ．①室… Ⅱ．①曾… Ⅲ．①室内装饰设计—绘画技
法 Ⅳ．①TU204

中国版本图书馆CIP数据核字(2017)第193662号

内 容 提 要

本书根据学习手绘的三个阶段安排教学内容，即初期、中期、后期，根据难易程度，循序渐进，满足不同基础读者的学习需求。

初期为手绘的基础阶段，包括第 1 章至第 4 章，主要针对绘画基础薄弱的学习者，了解手绘工具、线条表现、透视关系，进行单体和家具陈设表现练习。中期为手绘快速提升阶段，是学习手绘的重要阶段，包括第 5 章至第 7 章，需要读者学习对颜色的理解，掌握马克笔上色技法、配色的运用、色彩与陈设的结合，以及色彩与室内空间的关系等。后期是一个综合学习阶段，即第 8 章快题设计，此阶段主要掌握快题设计的作图规范及要求，结合实例考题，提供快题设计参考范例，帮助读者快速提升综合设计能力和手绘表现能力。

本书提供教学视频，读者可以通过扫描案例旁边的二维码在线观看，也可以通过下载的方式获得。本书主要针对室内设计人员，或者想从事室内设计相关工作的读者学习，也可以作为室内设计专业方向的学生和对手绘学习有需求的人员的参考用书。

◆ 编　著　曾　添
　　责任编辑　张丹阳
　　责任印制　陈　犇
◆ 人民邮电出版社出版发行　　北京市丰台区成寿寺路 11 号
　　邮编　100164　电子邮件　315@ptpress.com.cn
　　网址　http://www.ptpress.com.cn
　　北京市雅迪彩色印刷有限公司印刷
◆ 开本：787×1092　1/16
　　印张：12.5
　　字数：348 千字　　　　　　　　　2017 年 9 月第 1 版
　　印数：1—3 000 册　　　　　　　2017 年 9 月北京第 1 次印刷

定价：69.00 元
读者服务热线：(010)81055410　印装质量热线：(010)81055316
反盗版热线：(010)81055315
广告经营许可证：京东工商广登字 20170147 号

Foreword

我从事室内手绘培训行业已经7年有余。这7年多的时间对于我本人来说也是不断完善、积累、沉淀的过程，所以现在才把这样一本关于室内设计手绘技法表现的书呈现在大家面前。本书也是经历了很长的时间才陆续完成的，因为大部分的时间还要投入到实际的手绘教学当中。所以本书也结合了一些学员在学习手绘表现技法时遇到的典型问题，进行对照讲解。

室内设计手绘对我个人而言，不是在图纸上"炫技"，炫耀手绘效果图多么漂亮、线条多么帅气，而是要通过掌握设计表现形式，实现设计目标，表现我们在设计方案时的想法。更准确地说，室内设计手绘是设计师思维活动的一种方式，通过手绘技法这样一种表现形式呈现设计结果。

绘画的含义很广泛，室内设计手绘也属于绘画的一种表现形式。手绘本身就是综合培养我们的色彩搭配能力、设计思维能力和审美能力。在教学的过程中常有学员提出这样的问题："我的色彩感觉很差，在设计方案时都不知道怎样去运用颜色。"其实这类问题反映出学员们在最初的学习阶段对于颜色的认知度差，综合审美能力弱。想要让自己的设计综合能力变得好一些，方法与途径有很多，但绘画的练习是必不可少的。

在科技、信息高速发展和传播的今天，也有人会宣扬"手绘无用论"。姑且不谈孰是孰非，因为每个人都可以表达自己对于事物的看法及观点。我认为，手绘对于设计师是否有用，还是取决于个人的发展及想要达到的高度。如果想追求完美的设计，成为综合实力很强的设计师，恐怕还是要具有手绘表现能力。

古人云："业精于勤，荒与嬉；行成于思，毁于随。"任何惊人的技能，皆是勤奋练习的结果。

学画之法在于"勤、观、思"。"勤"就是勤学苦练；"观"和"思"其实是分不开的，而且至关重要。学习手绘要多看优秀的手绘作品，思考其中的表现方式，勤于练习。初学的时候大多是处于临摹技法和学习的阶段，通过大量实际案例的练习，积累丰富的表现经验，再独立设计空间内容，这是一个循序渐进的过程。

我能够编写此书，想要感谢的人很多。感谢所有给予我支持和帮助的朋友们。最后要特别感谢我上大学时的手绘老师，他教手绘课时给我的印象很深。这位年过六旬的学者拿起笔给班里的同学做示范时，对绘画线条、颜色一丝不苟的态度，还有那种专注的精神打动了我，以至我毕业后仍然对于手绘表现有自己的坚持。

本书附赠视频资源，包括29集长达310分钟的教学视频，读者可通过扫描"资源下载"二维码获得下载方法。

我把自己学习和从事手绘培训以来的全部经验，取最精华之处编入本书如认真修习，相信大家一定能有收益。书中若有不足之处，请大家批评、指正。

资源下载

Contents 目录

第 **6** 章
空间的针管笔线稿表现

第 **7** 章
空间的色彩表现

第 **8** 章
室内设计快题表现

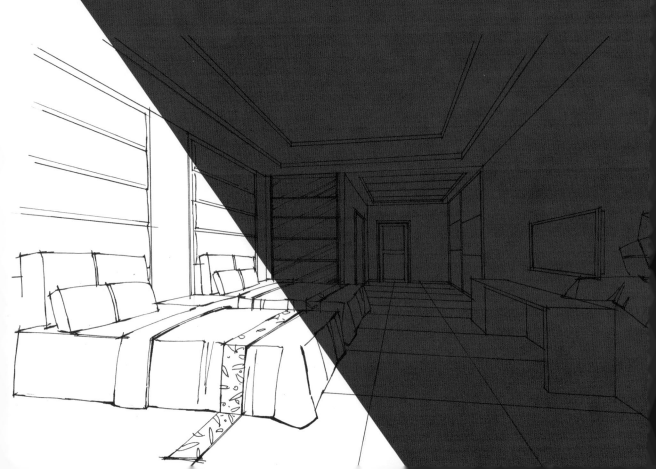

第 *1* 章
了解手绘工具

本章重点

在正式讲解之前，我们先来了解一下室内设计手绘表现需要用到的工具。要想更好地了解与学习手绘，这是很重要的环节。特别是对于初学者，要先把室内手绘表现用到的工具认识透彻，知道每一种工具的特性，使用时才能轻松驾驭。熟悉每一种工具的用法及其表现的效果，在绘画的过程中灵活地运用与变化，这样绘制出来的画面才能够呈现出我们所期望的效果。

1.1　室内手绘效果图表现的重要性

1. 学习

　　手绘对于学习室内设计的人来说是必须掌握的技能之一。通过手绘我们能塑造空间及形体。通过学习手绘我们能将抽象概念转化为具象表达。

2. 工作

　　对于室内设计师来说，手绘表现能提高工作效率。在与客户沟通时，手绘不仅能展现我们的专业技术知识，也能提升自我专业能力，还能展现个人魅力。

3. 考试

　　对于想在室内设计方向继续进修的人来说，掌握手绘效果图表现技法才是硬道理。几乎所有与设计相关的专业，都离不开手绘表现的考试。

1.2　室内效果图表现的工具介绍

1.2.1　线稿表现工具

1. 针管笔

　　市面上针管笔的种类和品牌有很多，我们常见的有樱花、红环、美辉和三菱等品牌，如下图所示。

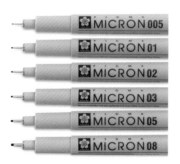

针管笔有型号之分，由最细到最粗的型号分别为：0.05、0.1、0.2、0.3、0.5、0.8和1.0。不同的品牌，对于型号的粗细也有不同的定义，所以我们可以根据自己的喜好和习惯去挑选适合我们的工具。

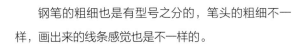

2. 钢笔

钢笔也是我们表现手绘效果图时的重要工具，但是对于初学者来说，一开始使用钢笔会觉得有一定的难度，所以初学者选择工具时，建议选择比较好把控的绘画工具。钢笔的线条是比较自然随性的，画出来的笔触比较强，这是钢笔的优势。

市面上常见的钢笔品牌有凌美和英雄等，如下图所示。

钢笔的粗细也是有型号之分的，笔头的粗细不一样，画出来的线条感觉也是不一样的。

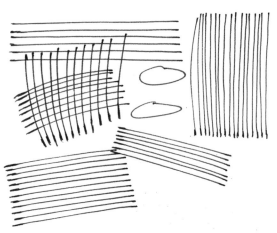

1.2.2 上色表现工具

1. 马克笔

马克笔按性质分类可以分为水性和油性两种。室内手绘效果图上色时多使用的是油性马克笔。油性马克笔的覆盖力强，颜色叠加效果自然；水性马克笔的颜色覆盖力较弱，颜色叠加容易有笔触，上色完成后像水彩的效果，颜色较油性的透。

市面上常见的马克笔也有很多品牌如韩国的Touch，本书中用到的主要是Touch三代和四代马克笔。大家可以使用自己常用的和熟悉的马克笔。

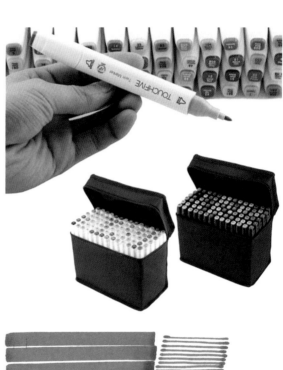

马克笔有两个笔头，一头粗，一头细。粗的笔头是梯形斜面的，所以用马克笔表现效果图的时候拿笔的角度不同，画出的线条粗细也不一样。在正式学习之前，可以先自己拿笔体验一下手感。

2. 彩色铅笔

　　彩色铅笔分为水溶性和非水溶性
两种，一般我们可以选择水溶性的彩
色铅笔，因为它们颜色比较柔和，容
易上色。

3. 水彩颜料

水彩颜料也可用于表现室内手绘效果图，它的优点是颜色自然柔和，透气感强；缺点是表现起来速度过慢，所以在表现手绘效果图时，马克笔和彩色铅笔更常用，因为在速度上有优势。

1.2.3　其他工具

我们表现手绘效果图还会用到一些其他的工具，如自动铅笔、橡皮、平行尺和硫酸纸等。

俗话说得好"磨刀不误砍柴工"，熟练使用工具是学好手绘的第一步，准备好工具，充分了解它们的特性后就开始我们的手绘学习之旅吧。

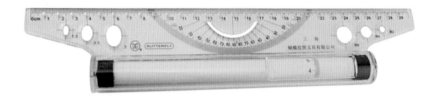

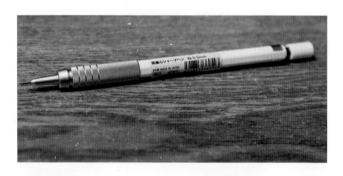

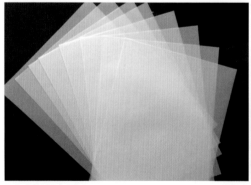

第 2 章
手绘线条的表现

本章重点

本章重点进行直线的练习和凹凸线的练习。线条在手绘表现中有着非常重要的地位。一张好的手绘效果图，线条表现得好坏起着决定性的作用，所以一开始我们就要对线条进行正规、系统化的训练。

2.1 针管笔线条概述

　　从效果图可以看出线条对于手绘的重要性。整张效果图里的线条涉及直线、曲线、交叉线，以及一些看似不规则的线条。因此，我们在一开始学习手绘时都会从线条入手，由易到难，循序渐进。

视频：线条表现-1　　视频：线条表现-2

2.1.1　使用针管笔绘图的正确姿势

握笔的方式有3种：第一种是常规握笔；第二种是悬起手腕握笔；第三种是悬起肘部握笔。我们一般使用前两种方式。

绘图时需要注意以下几点。

❶ 手与笔尖的距离稍微远一些（手指与笔尖4厘米左右）。

❷ 头部与绘图纸保持中正，身体坐正。

❸ 眼睛与绘图的画面距离适中，要把握图面的全局。

❹ 绘图过程中在画长直线时，以手肘来带动笔，勿用手腕带动笔。

2.1.2　线条的分类

我们将通过下面几大类线条为大家介绍手绘线条的表现手法，基础型的线条一定要多加练习，画的时候也要注意握笔姿势与运笔速度。

1. 直线

绘制直线是最基本的线条练习，在画的时候注意握笔的力度和运笔的速度，线条要均匀流畅。

| 平行直线练习 | 　| 平行线条与垂直线条练习 |

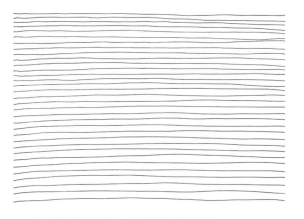 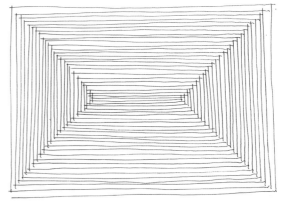

在画直线的时候一定要注意以下几点。

❶ 下笔要稳。

❷ 速度要快。

❸ 线条要均匀。

ⓘ注意 初学者一开始画线的时候尽量把线画长，确保线条的清晰、流畅。这也是我们俗称的磨笔。

2. 交叉线

交叉线是练习基本线条的第二种方式，在画这种线条时要注意角度，线条仍然要保持自然流畅。

│45°斜线交叉练习│   │垂直线交叉练习│

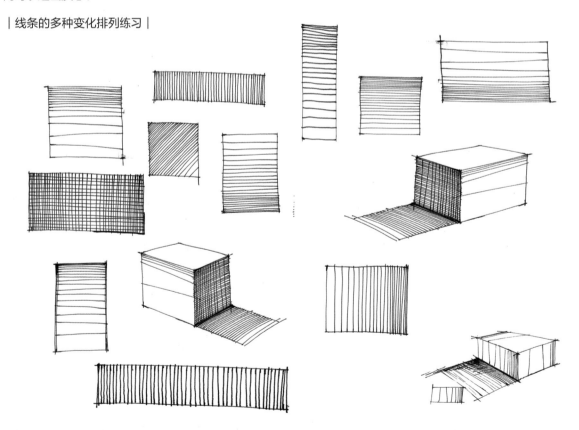

注意 交叉线练习是直线的延续，这样能使我们的基础练习得到巩固。

3. 渐变线条排列

物体本身因为灯光的关系会呈现明暗、深浅的变化，所以渐变线条的排列能够表达室内空间中的光影关系，同时表达出质感。

│线条的多种变化排列练习│

注意 绘制渐变线条时要注意线条的流畅和疏密变化，它们在塑造家具的形体及明暗关系时都起着重要的作用。初学者一定要大量练习，才能更好地掌握运笔的手感。

4. 凹凸线

　　凹凸线画起来有一定的难度，需要多去思考笔触的变化，不能太过于规律，也不能显得线条变化太过夸张。这种线条可以表现一些室内陈设物体的质感及肌理，还可以表现花卉及绿植的枝叶等。

│ 绿植、花卉及室外岩石练习 │

5. 针管笔线条典型错误及原因分析

　　下面总结一下各种线条容易出现的一些问题。我们在画线条一定要注意避免以下几种错误的线条表现方式。

（1）线条断断续续。

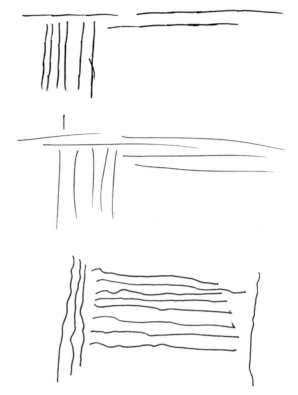

（2）下笔过重，没有收尾。

（3）画线犹豫，在运笔时手腕不稳。

初学者在画线时会出现很多问题，这些问题我们不能忽视，下面是避免错误的一些注意事项。

❶ 要熟练掌握针管笔的特性。

❷ 握笔不要过紧，也不要过松，要自然、协调。

❸ 画线过程中不要犹豫，要果断。

❹ 下笔不能过重，要有收尾。

❺ 表现凹凸线时要有大小、虚实的变化。

初学者在刚开始接触手绘时一定要进行大量的线条练习，有了好的基础才能画出好的手绘作品。

2.1.3　趣味线条练习

趣味线条练习不但可以锻炼表现能力，还可以增强对平面构成的认识和了解。一切关于设计的知识对于手绘表现都是有所帮助的。

绘制这张图对于初学者是一个挑战，因为不仅线条要均匀，图形也要有流线感。如果一个地方线条画得不对，有打结、不均匀，就会影响整个画面的图形效果和设计感。

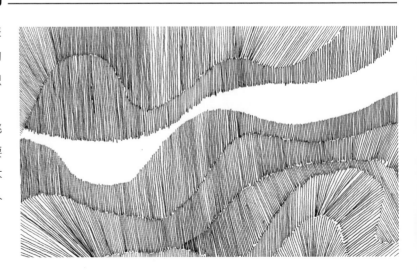

右图是长短线条的综合练习，这张图对于线条的把控能力和图形的把控能力都有一定的要求，要求绘画者对于线条的掌控能力很强，运笔自如。

右侧的线条练习图设计感很强，有利于用针管笔画线条的练习。这种趣味线条的练习，在画之前同样也需要用铅笔定稿，确定好线条的位置、方向及图案。这样再用针管笔表现就有了充分的准备，也避免了不必要的麻烦。

线条是我们绘画的基础，熟练掌握线条的排列方式及运用方法对于后期手绘表现起着至关重要的作用。

在针管笔直线画得熟练的情况下，我们可以穿插着练习曲线，以便提高对于线条的掌控及运笔能力。

右侧这张图的绘制难点在于斜线的排列。斜线的表现也线条中一个难点，所以在表现的时候要注意线条的角度及流畅度。

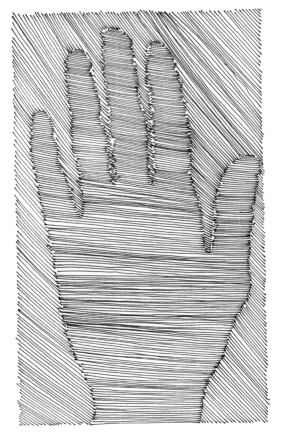

2.2 马克笔线条的表现

　　马克笔是手绘的重要工具之一，在学习手绘表现的初期就应该掌握好马克笔线条的特性，这样才能帮助我们完成上色表现的内容。马克笔上色表现多以直线为主，所以下面我们以马克笔的线条为主，来学习马克笔画线的技巧。由于马克笔笔头的特殊性，不同的握笔角度及方式所呈现的线条粗细是不一样的。如果不能改变笔触的粗细，那么画出来的颜色都是平涂叠加在一起的，这样画面就很难有层次变化。

2.2.1 马克笔常见笔法

1. 平涂

　　平涂是马克笔常用的表现技法，比较好掌握。画的时候注意握笔要稳，让整个笔头斜面完全接触纸面，落笔肯定且快速在纸上画出线条。

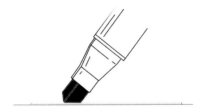

| 马克笔平涂练习图 |

2. 半平涂

　　半平涂笔触是使用马克笔粗笔头的侧面二分之一处画出的线条，相对于平涂的线条要略细一些。马克笔的笔触也可以由粗到细变化，这样在上色表现时才能体现出画面的层次关系。

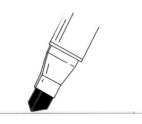

| 半平涂运笔练习图 |

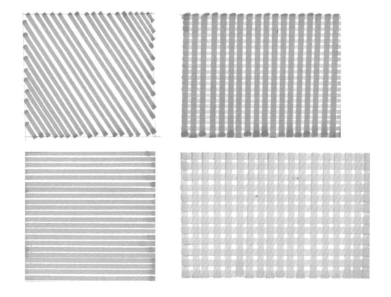

3. 笔尖

笔尖笔触是用笔头顶端画出的线条，拿笔的时候注意要稳，不然线条容易粗细不均。

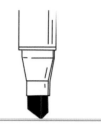

| 笔尖自由练习图 |

4. 细线

细线也是用马克笔粗的一头底部画出的线条，粗笔头的形状是斜面的，所以我们使用马克笔笔头不同的部位可以画出不一样的线条。

| 细线排线练习图 |

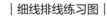

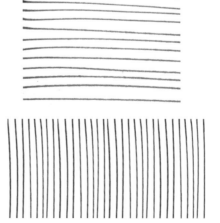

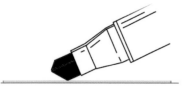

5. 综合排线练习

　　通过综合练习马克笔的用笔手法，我们可以更加熟练地掌握马克笔的特性及线条的粗细变化情况，以便在上色时达到画面的层次要求。

| 综合练习一 | 线条由粗到细，整个体现的是马克笔线条的变化。

| 综合练习二 | 深度练习马克笔渐变线条的排列方式。

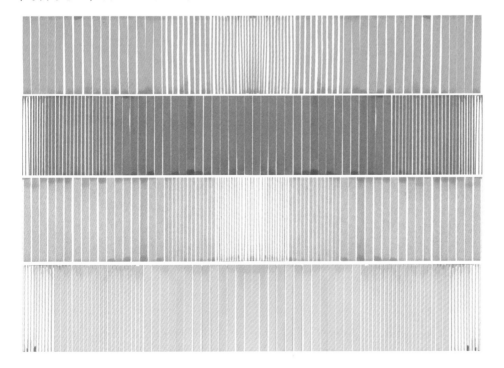

6. 马克笔绘制的常见错误

（1）用笔速度过慢。

在画的时候速度过慢，握笔不稳就会出现右图的情况。这样叠加在一起的颜色会有很重的笔触感，影响画面效果。

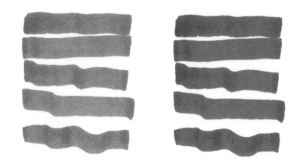

（2）断断续续。

笔触断断续续主要是因为对于画面物体结构和明暗关系分析不到位，或是马克笔使用不熟练，所以在上颜色时犹豫、不肯定。

（3）下笔过重，一头粗一头细。

用笔不熟练，想当然地去上色表现物体，运笔速度过快，就会出现下图的结果，一头粗一头细。

2.2.2 马克笔线条范例

马克笔是我们塑造物体重要的绘画工具，通过下面的一些综合案例表现，不仅可以练习和熟悉马克笔线条的运笔方式，更能对几何形体关系、颜色表现做铺垫。马克笔对于很多初学者来说是第一次使用，想要更好地运用与掌握，大量的马克笔练习是很有必要的。

| 案例图一 | 通过简单的马克笔线条练习，能表现出深浅及虚实关系。在用笔表现时应该有明确的明暗意识，再加上对马克笔熟练地掌握及运用，才能达到一个综合效果。

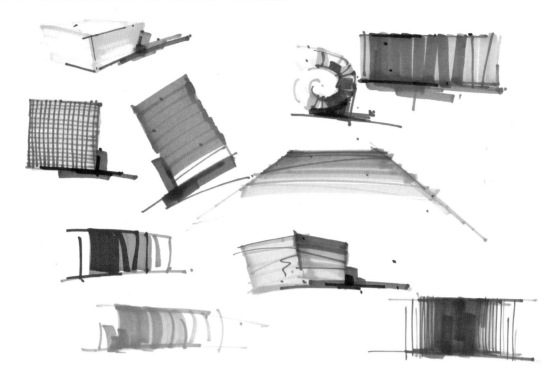

| 案例图二 | 马克笔的综合塑造练习。

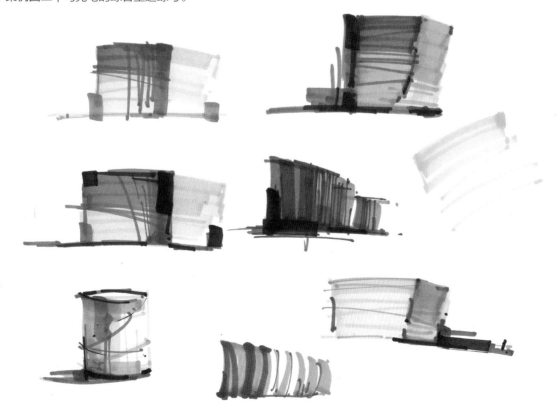

第 **3** 章
透视的基本理论

本章重点

在日常生活中，我们看到的很多现象都是由于透视原理形成的，因此透视是手绘效果图的灵魂。透视关系的准确表现能够增强室内效果图的空间感，没有基础的学员也能加强自身对空间形体的理解能力和推断能力。对于设计师来说，准确把握空间透视关系也是至关重要的，因为有助于更好地解决设计方案的问题。

3.1 透视概述

本章主要讲解3种透视关系，即一点透视（又叫平行透视）、两点透视（又叫成角透视）和一点斜透视（又叫微角透视）。这3种透视关系是室内设计手绘表现中常用的表现形式。透视对于效果图来说是灵魂，也是基础，所以掌握好透视关系的表现方式，对于学习手绘至关重要。

视频：透视讲解-1

视频：透视讲解-2

3.1.1 什么是透视

透视原理应用于手绘图的绘制中，这是一个通过在二维平面纸上构建三维立体空间透视关系的过程。在设计构思后，我们通过假想构思出物体形态与视点之间有一平面存在，这个假想的平面就是我们眼前的画面，再将物体形态通过一定的透视法则投影到假象平面上，用线条来显示物体的空间位置、轮廓和投影从而完成三维空间的表现。

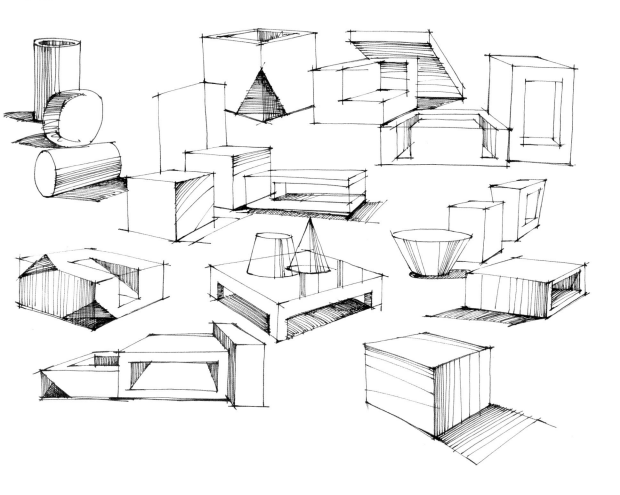

我们练习完各种线条的基本画法后，就可以把这些线条组织起来练习各种几何形体。只有结合了具体的形体，线条才有意义，对线条也更容易理解和掌握。生活中的物体千姿百态，但总体来说都是由立方体、圆球体、圆柱体和锥体等几何形体组成。因此多练习几何形体对于室内效果图的表现有非常大的帮助。

3.1.2 常见透视基础练习

我们在表现室内设计手绘时常用到3种透视关系，接下来先学习一点透视的表现方式，这也是效果图表现中经常使用的透视法。

1. 一点透视图

一点透视是一种很常见的透视效果，初学者理解起来也比较容易，即空间中的多条放射线交会于一点。

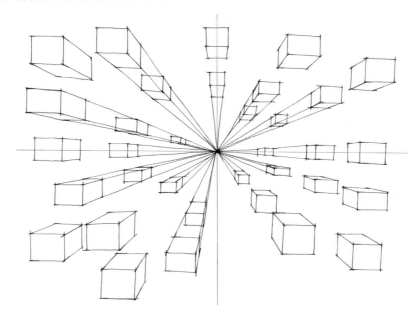

我们在表现时可以借助放射线，确定好了位置后落笔画出形体关系。等练习熟练后，我们就会"心中有点"。这种透视关系一定要反复练习，才能够达到好的视觉效果，透视关系也才能表现得更加准确。

通过一段时间的练习，我们对"方盒子"有了一定程度的了解和掌握，接下来就可以适当增加难度，将"方盒子"转化为一些单体家具，如沙发、床和桌子等。同时适当加一些线条作为阴影，为下一个阶段练习打下基础。

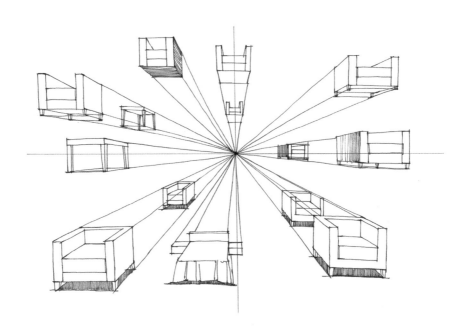

2. 两点透视图

两点透视是指一个物体在画面中出现了两个消失点，通过两点透视线的走向，仔细观察几何形体的透视变化，所有几何形体两边是呈放射式的线条。

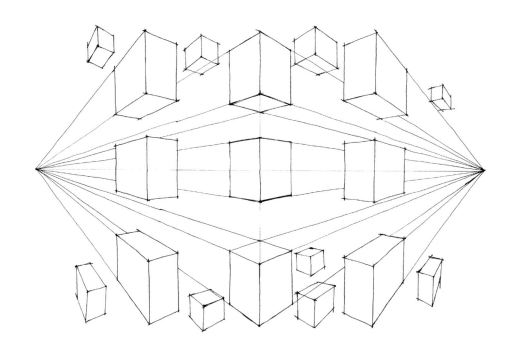

两点透视相对于一点透视来说难度要大一些，因为角度问题，在练习时一定要注意透视线的走向及整体形体关系的把握。

同一点透视练习一样，在两点透视"方盒子"已经掌握熟练的情况下，我们可以增加两点透视的难度，将"方盒子"变形，如沙发和柜子等形体结构的表现。两点透视较一点透视来说难一些，画两点透视家具时要注意每一条线的消失方向，线条角度不对，家具的形体关系就会有很大的问题。只有反复不断地练习，才能达到两点透视的最佳效果。

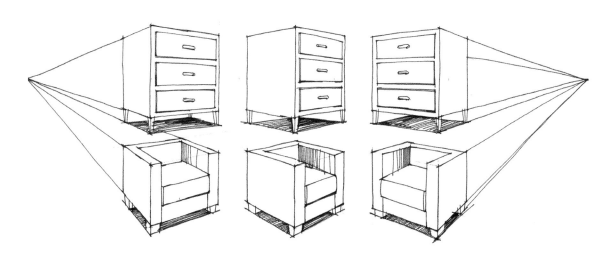

3.2 一点透视空间的表现

一点透视是最常见的透视关系，在室内手绘表现中使用得十分广泛。它的优势有两点，第一，视野相对来说较宽阔；第二，空间里的物体能够较完整地表现出来，空间内容可以表现得比较丰富。不过一点透视相对其他的透视表现来说也有缺点，即视觉效果不是那么灵活，因为所有的家具及墙体的线条都是横平竖直的，但人的视野角度是灵活的，并没有那么规范。

3.2.1 一点透视的概念

一点透视（平行透视）：一个立方体只有一个面与画面平行，透视线消失于视点的作图方法，也称为一点透视。因为有近大远小的透视关系，所以我们看到的视觉效果产生了纵深感。

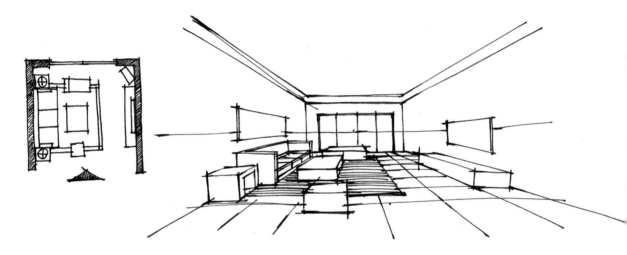

3.2.2 一点透视空间的绘制步骤

接下来我们分步骤学习一点透视空间绘制步骤，掌握其表现技巧。

Step 01 确定空间高度。一般我们在定空间高度时取整数即可，右图是以3m为标准的空间高度。

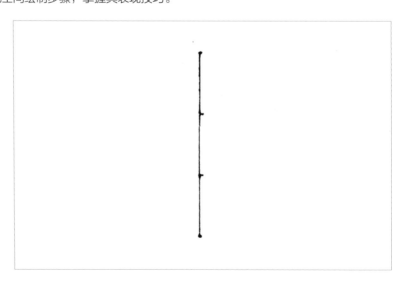

Step 02 确定空间的宽度，同时把内墙的尺寸确定下来。

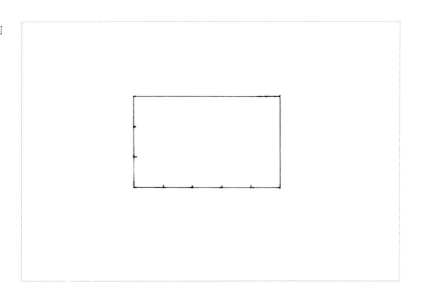

Step 03 画出视平线（视平线的高度一般为90cm～120cm，效果图视平线不易定得过高，过高画出来的效果是俯视的），再确定试点VP连出墙角透视线（VP点的位置可以在视平线上，也可以在墙体内的任何一个位置），可以根据我们主要表现的墙体面来决定VP点是靠左，靠右还在中间。

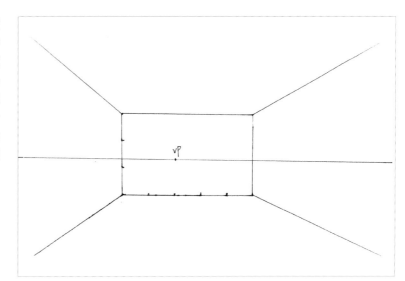

Step 04 确定空间长度，在VP点右下角墙体处延伸出一条直线，线上标有同比例大小的刻度。在视平线上定一个M点，将M点与延伸出来的直线上的刻度相连接，连接线一直延伸到下面的墙角线上，墙角线上的刻度就能有近大远小的变化。

🈲注意）VP点在画面的左边，那么定M点的时候最好定在画面的右边，这样是为了使地面尺度比例更加完整协调。M点的位置在确定的时候最好超出下面刻度基线最外边一点。

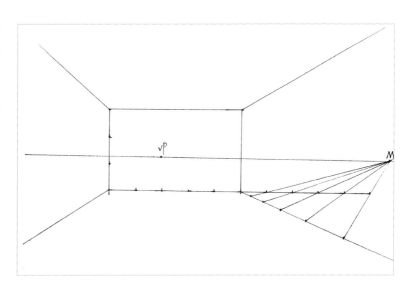

Step 05 画面中的纵向线条都是根据VP点得到的，将VP点与内墙体线上的刻度相连接，即可呈现出画面中的透视关系。

　　一点透视可表现更多的大空间场景效果，如家装里的客厅与餐厅，还有一些餐饮空间、酒店大堂等都可以用一点透视来表现。

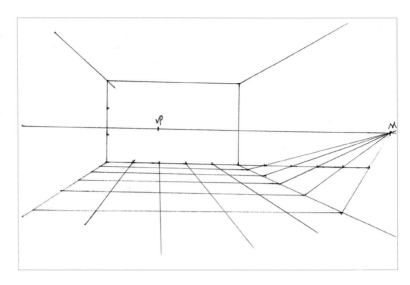

3.2.3　一点透视空间陈设的表现方法

　　熟练掌握了前面的空间透视表现方法，在后面的练习过程中就可以增加一些难度，在空间里面把家具的形体关系表现出来。如下图，可以先把家具的基本形状画出来，再根据整体的透视关系表现家具的细节部分。

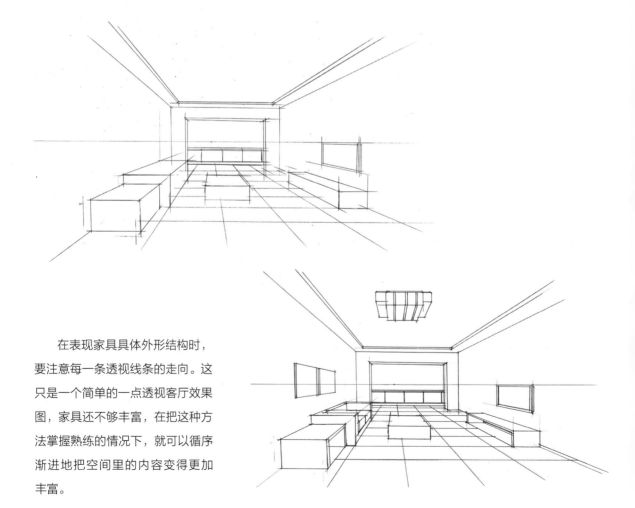

　　在表现家具具体外形结构时，要注意每一条透视线条的走向。这只是一个简单的一点透视客厅效果图，家具还不够丰富，在把这种方法掌握熟练的情况下，就可以循序渐进地把空间里的内容变得更加丰富。

3.2.4 一点透视的常见错误及注意事项

对比下面两张一点透视效果图。

在表现家具具体外形结构的时候，要注意每一条透视线条的走向。这只是一个简单的一点透视客厅效果图，家具还不够丰富，在我们把这种方法掌握得熟练的情况下，就可以去循序渐进的把空间里的内容变得更加丰富。

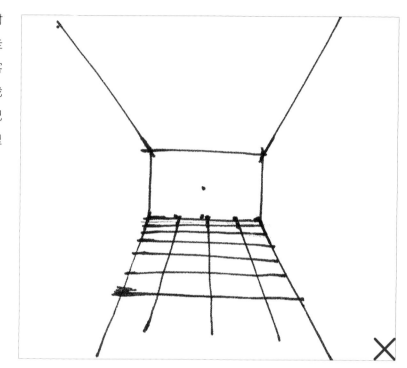

由于墙线跟视点的关系不对，导致空间看起来透视关系不对。

正确的透视关系图。

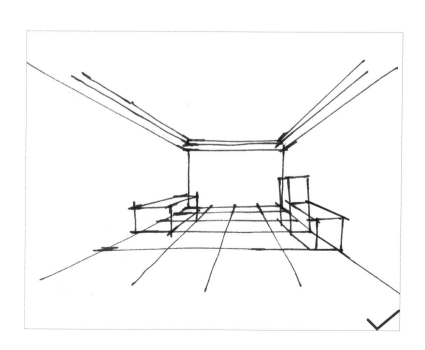

3.3 两点透视空间的表现

两点透视也是透视效果图例常见的一种表现方式。表现两点透视比一点透视复杂，因为在画面中有两个消失点，还要注意家具线条的变化。重点要把握好成角透视的角度，使其视觉效果看起来更加舒适、和谐。

3.3.1 两点透视的概念

两点透视（成角透视）：画面中所有物体的高度垂直于画面，水平线倾斜形成两个消失点形成的透视即为两点透视。

3.3.2 两点透视空间的绘制步骤

接下来我们来学习如何绘制两点透视效果图，下图所示为起稿的前3个步骤。

Step 01 确定好空间高度。

Step 02 基线作为辅助线条，在之后可确定空间宽度。

Step 03 平行于画面的为空间中的视平线，视平线的高度一般定在1.0m～1.5m。

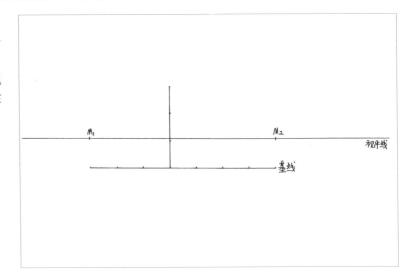

Step 04 根据左右的M点就能定出视点VP的位置。注意视点的位置一定要离M点的位置远一些，一般为了方便，我们可以以左右M点距房屋高度的距离作为参考。视点的位置如果没有确定好，会影响整个画面的角度。视点VP点的位置确定下来后，就可以确定墙线的位置了。

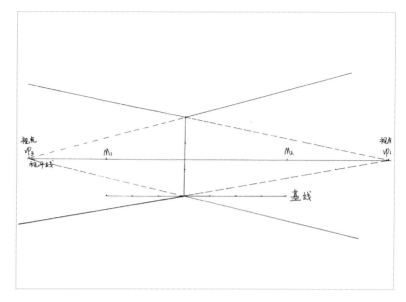

Step 05 视平线上左右两边的M点分别跟基线上面的刻度相连接，延伸到底部两边墙角线上，就会出现近大远小的感觉。

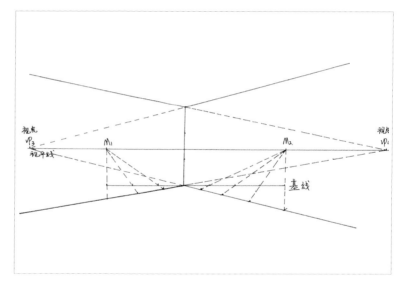

Step 06 通过M点和基线得出墙角线上近大远小的点后，就可分别用两边的视点与墙体上的点进行连接，这样就能画出地面上的线条。

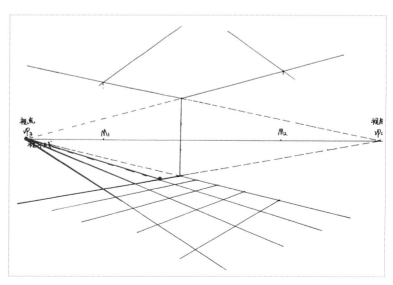

3.3.3 两点透视空间陈设的表现方法

　　在两点透视空间画法掌握熟练的情况下，就可以继续去表现空间里面的家具。一般在表现空间里的家具时，先不要着急把家具完整的形状画出来，要先分析出地面上家具的位置，再根据位置确定好家具的尺寸。

Step 01 根据左右两边的视点，在地面上确定好家具的位置及尺寸。

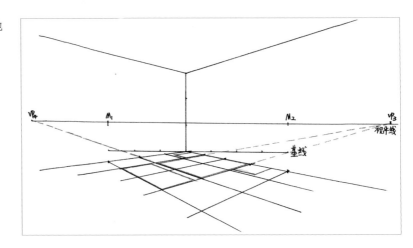

Step 02 根据地面上家具位置及大小，确定家具高度。家具的所有透视线都要跟视点连接。这样画出来的家具才不会变形。

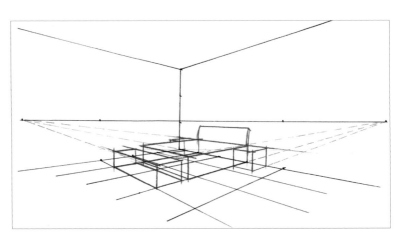

Step 03 完成的效果如右图所示。

3.3.4 两点透视空间的常见错误及注意事项

初学者在绘制过程中容易出现两个视点离得太近，导致空间家具角度变形的问题。

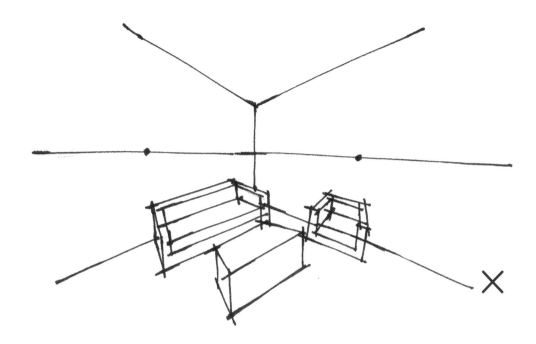

视点在空间里的位置太靠近中心，导致两点透视角度过小，家具变形。

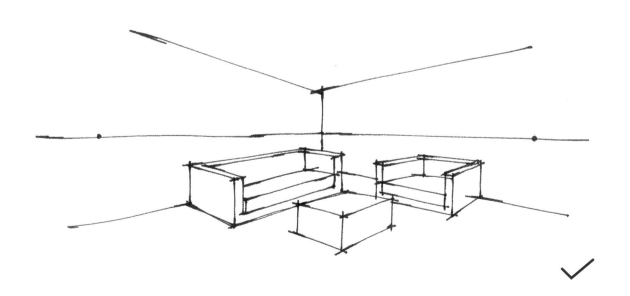

正确的透视关系图。

3.4 一点斜透视空间的表现

一点斜透视是介于一点透视和两点透视之间的一种透视效果，在室内手绘表现当中应用得也很广泛。它和两点透视相同的地方是都有两个消失点，但不同的是一个消失点是在画面基准面以内，而另一透视点则被安排在距离画面很远的位置，甚至超出了画面。一点斜透视空间中除了垂直线条外，没有完全平行的线条。消失在画面外的点，决定了顶面与地面的斜度。

3.4.1 一点斜透视的概念

一点斜透视能较生动完整地表现出空间效果，在室内设计手绘效果图表现中经常可见，既弥补了一点透视不够灵活、生动的缺点，也弥补了两点透视空间比较局限的不足。一点斜透视能准确生动地表现出主体墙面以及主要陈设之间的关系，同时又能产生画面美感和气势。

3.4.2 一点斜透视空间的绘制步骤

接下来我们来学习绘制一点斜透视效果图的步骤。

Step 01 与一点透视的表现方法一样，先把墙体的宽度和高度表现出来，消失点的位置确定好，画出空间的长度。有了这些就可以继续绘制一点斜透视的墙体了。

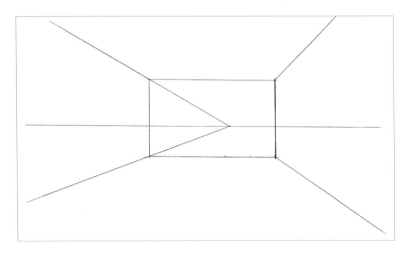

注意 一点斜透视的视点位置尽量靠左，或是靠右一点，不要放在中间，因为视点如果放在中间，会影响斜透视的视觉效果。

Step 02 把之前画好的墙体高度作为一个基准线，在画面左边的墙体上方定一个O1点，然后把O1点和VP点右上方的墙角连成一条线，一点斜透视的斜的墙体基本上就可以确定出来了。

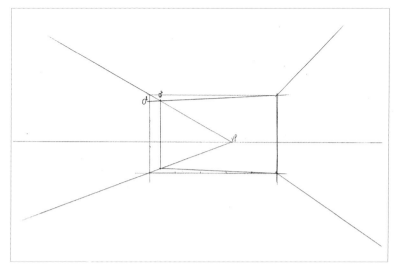

注意 一点斜透视的另外一个点在画面以外，所以为了在表现一点斜透视时有一定规律和依据，定出O1点来确定一点斜透视墙体的斜度，O1点越往下走，墙体斜度越大。

Step 03 在内墙的右下方画出延长线确定好尺寸，在视平线上确定好M点的位置。这一步跟一点透视中表现空间长度的方法相似。

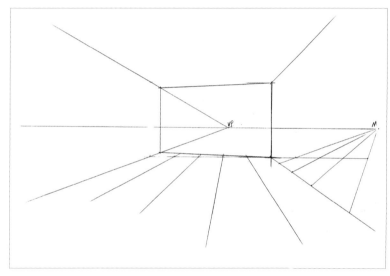

注意 其实表现画面长度近大远小的画法有很多种，这里讲的是比较简单、容易掌握的一种方法。还有一种表现方式是延长的尺度线和M点在内墙的左面，但内墙的左面墙体发生了斜度的变化，为了初学者便于学习及透视表现比较容易被掌握，这里就表现在内墙体较完整的一边。

Step 04 将近大远小的点进行完善，得出最终地面及空间效果。

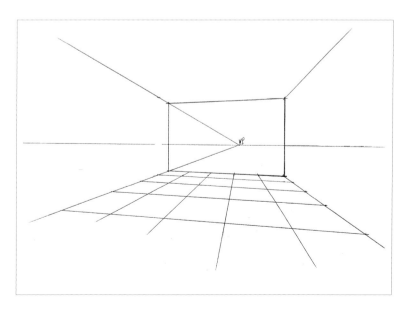

注意 因为一点斜透视没有完全平行的线条，所以在表现地面斜线时，倾斜的角度不是很好掌握。那么初学者在表现时，就以内墙为参考，画出与内墙斜线平行的线条即可。

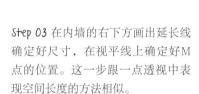

3.4.3 一点斜透视空间陈设的表现方法 ——————————

整体空间表现出来后，接下来我们就可以往里面添加家具及其他陈设了。

Step 01 根据地面的尺寸与透视点的位置，可以布置好家具在地面正投影的位置及大小。

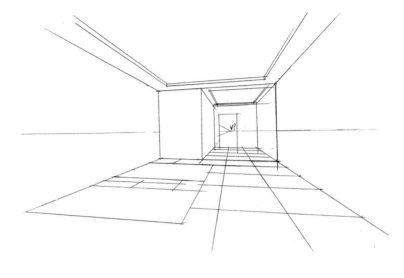

Step 02 有了地面的尺寸，再去确定家具的高度就不难了，再根据整体透视关系，把空间里的其他造型表现出来。

注意 家具的线条走向要随着一点斜透视地面，顶面上下线条走向一致，长度和宽度的线都是斜的。还要特别注意的是上下线条斜的角度是不一样的，那么随着物体高低的变化，物体的结构线条斜度也要产生变化。

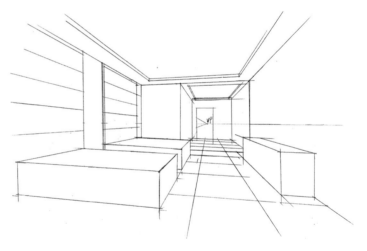

Step 03 继续刻画空间里的造型结构，空间里家具质感也可以通过早期铅笔线条体现出来。

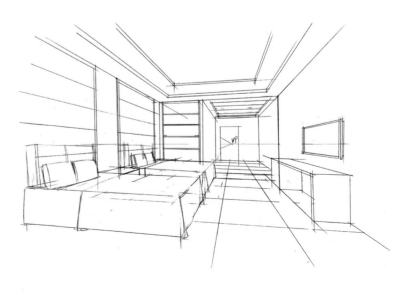

Step 04 用针管笔上墨线，适当地可以加一些调子及阴影关系。

3.4.4　一点斜透视空间的常见错误及注意事项

一点斜透视较前面两种透视表现起来需要有一些经验，不然就容易出现下面这两种情况。

右图可以说是一点透视，但不是一点斜透视。

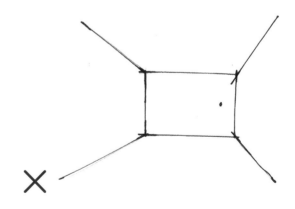

右图墙体的斜度过大，导致表现出来的家具在空间中不平稳，我们在表现一点斜透视时一定要把握好倾斜的角度。

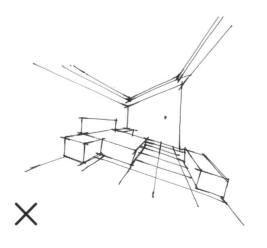

第 **4** 章
室内家具陈设

本章重点

针管笔陈设练习在室内手绘中扮演着重要的角色。本章通过讲解如何运用针管笔表现室内空间各物体的形体关系及明暗关系，让初学者能够快速掌握各物体的表现技巧，为之后的马克笔上色表现奠定基础。

4.1 陈设概述

室内陈设是指室内空间中的各种物品的陈列与摆设。陈设品的范围非常广泛，内容极其丰富，形式也多种多样。它对室内空间形象的塑造、气氛的表达、环境的渲染起着锦上添花、画龙点睛的作用。

4.2 陈设的质感表现

下面我们先来学习几种常见家具的质感表现方法，掌握了这样的一些线条表现可以帮助我们更好地表现其他物体。

4.2.1 布面的表现方法

1. 沙发布面的表现

常见的布艺沙发质感是什么样的呢？在手绘表现的过程中如何将布艺柔软的质感表现出来？这是我们在绘制时需要边画边思考的问题。

在用针管笔绘制时，线条要有一定的弧度与粗细的变化，这样才能更好地体现沙发的质感。

2. 抱枕布面的表现

首先我们要把基本的透视关系和形体关系弄明白。沙发的布面表现可以说是基础，在沙发布面表现掌握得比较熟练的情况下，试着去学习抱枕布面的表现方法。

如上图，思考如何在二维空间里将平面的方形变成有立体感、有质感的抱枕。需要我们用线条的粗细、长短变化及弧度来表现抱枕的质感。

视频：抱枕表现-1　　视频：抱枕表现-2

3. 布面针管笔表现的特点

（1）线条柔软、造型明确、对针管笔的表现有一定的熟练程度。

（2）表现布面的线条的长短、变化自然流畅。

| 抱枕综合练习一 |

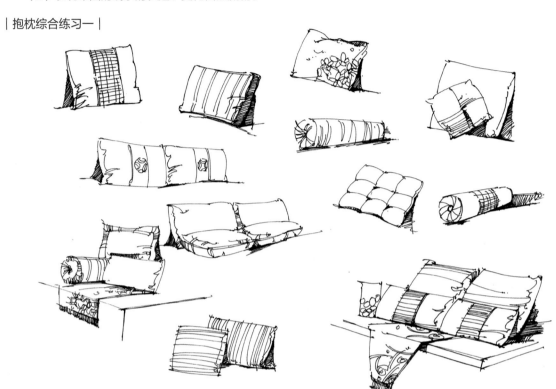

| 抱枕综合练习二 |

4. 布面表现时的常见错误

（1）线条僵硬。

（2）明暗关系凌乱，透视不正确，线条杂乱，这是初学者容易出现的问题。

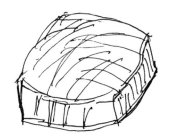

（3）线条不流畅、断断续续、僵硬，没有表现出布面的质感。

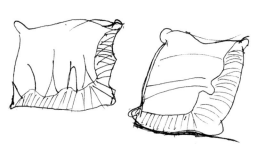

5. 布面表现的注意事项

（1）用笔时线条要流畅，不要断断续续。

（2）线条的粗细要均匀，不要出现线条一头重一头轻的效果。

（3）在表现手绘时应该多观察原物，在没有实际图片参考时要多思考，下笔前一定要想好再开始画。一开始表现物体时，我们很难找到手绘的感觉，手绘的感觉要通过不断地练习来积累，所以只有多画才能掌握其中的一些方法，使物体更加逼真。

4.2.2　地毯的表现方法

1. 地毯的表现

在用针管笔线条表现地毯时，更需要注意质感线条的体现。地毯的线条整体上以小的短线及碎线为主，但是要注意线条的疏密变化。

| 地毯的综合表现 |

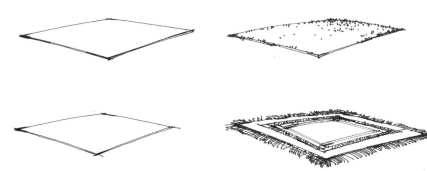

2. 地毯表现的特点

（1）圈线、点为表现的主要元素。

（2）地毯上的圈线、点分布不规律、大小
不一，注意线条疏密的变化。

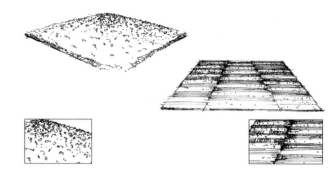

3. 地毯表现时的常见错误

（1）透视不对、质感线条表现生硬。

（2）地毯上的调子没有疏密变化，地毯质感的表现
不到位。

4. 地毯表现的注意事项

（1）表现地毯质感时线条的排列不要太过均匀、统一，一定要有长短、粗细变化，这样才自然。

（2）线条在与地毯本身的形体结合时要注意虚实、疏密的变化。

4.2.3 木纹的表现方法

1. 木纹的表现

前面学习的都是如何表现比较
软的家具材质，而木纹是属于硬的
材质，所以我们在用线时要尽可能
地表现出线条的干脆、利落，不要
有弧度。

 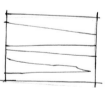 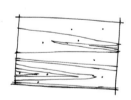

在表现一些柜子时，因为柜子
的材质呈现的是烤漆的质感，所
以我们可以使用右图所示的表现
方法。

2. 特殊木纹的表现

表现特别粗糙的木头质感时可以用右图中的这种线条，把木头的肌理纹路表现出来；还可以增加一些疤痕感，这样的表现会比较真实。

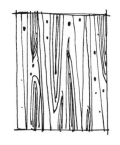

如果是木板，也可以用同样的方法来表现木板纹路的质感。

3. 木纹表现的特点

（1）表现普通木质感对用笔没有特殊要求，只需表现出物体的深浅关系、线条利落干脆即可，最后可以和颜色结合体现家具的特点。

（2）表现特殊木纹则需要仔细观察物体，从物体的表面纹理、质感中提取主要特征进行表现；曲线可呈弧线形，层层递增，直线可用粗细变化、细微转折来处理。

4. 木纹表现时的常见错误

（1）线条不够干脆，疏密关系不够明确，质感表现得不够明确。

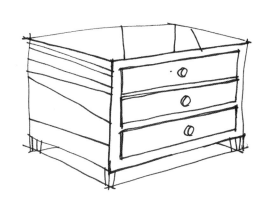

（2）线条过于生硬和夸张。

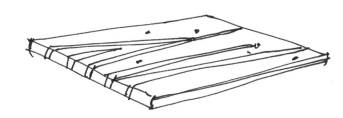

5. 木纹表现的注意事项

（1）处理普通木纹线条时一定要尽量直、有力度，这样才能体现木质家具的坚硬度。初学者在表现质感线条时力度不够，也不够直，疏密关系不明确，这都是要注意的问题。

（2）对于特殊木纹在线条处理上要掌握好虚实关系和疏密的排列，以免造成画面乱、质感表现不明确的问题。

4.2.4 玻璃的表现方法

1. 玻璃的表现

　　玻璃也是家具和陈设中常见的物品，表现好玻璃的质感能让室内空间锦上添花。右图为几种用针管笔表现玻璃的方法。

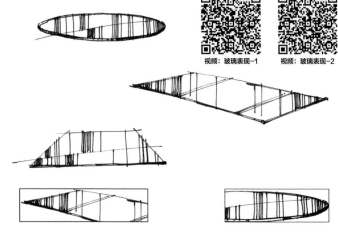

视频：玻璃表现-1　　视频：玻璃表现-2

　　玻璃这种材质在茶几上的体现如右图所示。

2. 玻璃表现的特点

　　表现玻璃质感的线条要垂直于画面、快速、流畅、不间断。

3. 玻璃表现时的常见错误

　　（1）线条不够连贯、流畅，所以看不出玻璃的质感。

　　（2）线条杂乱，没有力度，不连贯。

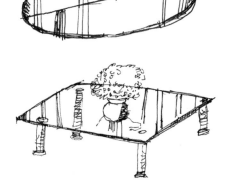

　　以上几种玻璃的表现方法是最典型的错误，但最大的问题都出在线条和调子的排列上，所以在表现物体的质感时要有准备再下笔，不要盲目绘制。

4. 玻璃表现的注意事项

　　用笔的方向必须统一。一般为垂直线或斜线，线条要有力度，不能断断续续、犹豫不决。

　🄝注意 表现材质时的注意事项
　　　（1）初学者在下笔之前先想好所要表现的材质类型。
　　　（2）刚开始练习时最好是以临摹为主，这样就可以有参照物进行对比。
　　　（3）绘制时要及时观察画面，可以不断调整，使材质表现得更加准确。

4.3 家具的表现

　　单体家具是构成室内空间的基本元素，其中还包括一些配饰及绿植。在设计中针对室内空间的整体风格来选择搭配家具，是完善室内设计的重要因素。接下来将讲解与示范室内空间中所涉及的家具及陈设品。希望大家通过本章的练习，能够让自己的手绘表现能力得到进一步提升。

4.3.1 单体家具的表现方法 ──────────

　　我们先来了解一下表现单体家具的步骤。

Step 01 观察物体，确定大体形状。这一步起着至关重要的作用，初学者可以先用铅笔起稿，等画熟练以后再直接用针管笔起形。

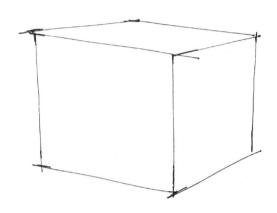

Step 02 用针管笔勾画出外形及透视关系。把沙发具体的结构转折表现出来。

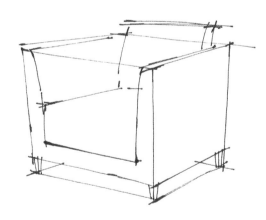

Step 03 在此基础上还可以继续搭配其他的家具。

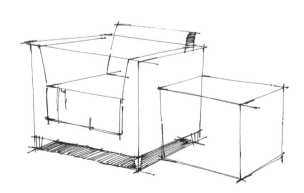

Step 04 分析物体的明暗关系，并用针管笔表现出家具的明暗关系及质感。注意阴影的线条排列，要结合家具的透视关系和结构进行排线。

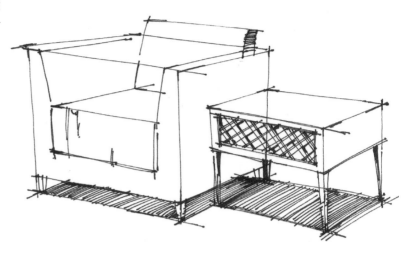

4.3.2 绿植的表现方法 ——————

视频：绿植表现-1　视频：绿植表现-2　视频：绿植表现-3

1. 绿植的表现

在表现绿植花卉这类饰物时要注意植物的大体形态及特征。大叶的植物要把叶子的形态画出来；小叶的植物不用一片叶子一片叶子地画，而是用一些线条、调子来代替。

2. 绿植表现时的常见错误

初学者容易出现右图所示的几种情况：针管笔的表现过于死板，叶子的形状太卡通化。在绿植花卉的表现上要多加练习，才能达到一定的效果。

3. 绿植表现的注意事项

（1）用笔不要太刻板，应该放松、随意，但又必须把绿植的叶子和根茎表现清楚。

（2）表现叶子时应该采用速写的方式，着重注意叶子的大小和疏密关系。

4.3.3 装饰瓶、灯具及装饰画的表现方法 ————————————

1. 装饰瓶、灯具及装饰画的表现

　　这类饰品在整个室内设计中起着画龙点睛的作用。如果整体空间都表现得很好，但饰品画得不够漂亮，也会影响整体空间的效果。对于饰品、绿植和灯具，在手绘练习中一定要有量的积累，多加练习，这样才能取得好的效果。

　　对于初学者来说，这些小的饰品、绿植和灯具，一开始可以多临摹一些，这样在遇到一些新的事物时就可以轻松驾驭。

灯具的表现方法有很多种。由于室内空间中灯具的风格样式很多，在练习时可以采用从易到难的方式。

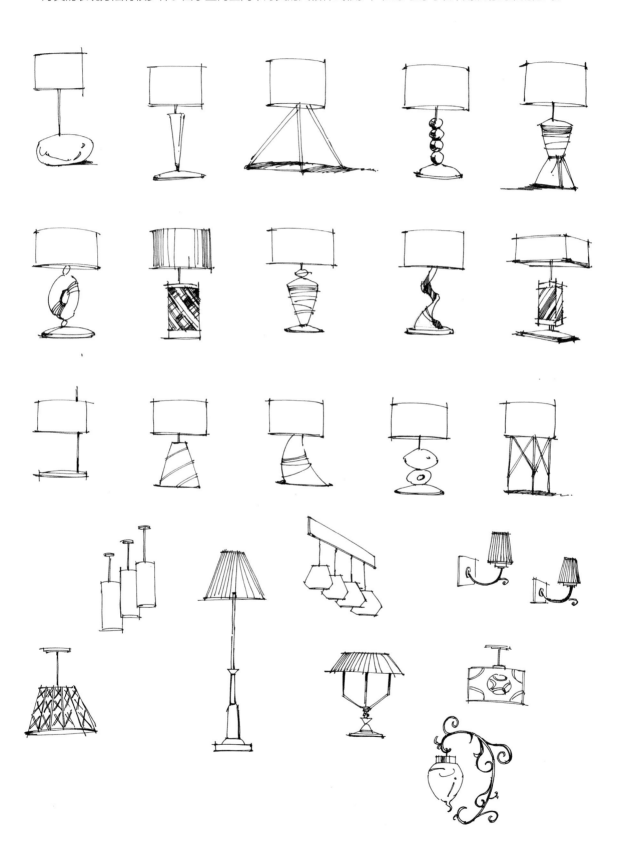

2. 装饰瓶、灯具及装饰画表现时的常见错误

在刚开始表现时都容易画成上图这样。这样的图显得物体很假，形体关系也不明确，线条没有变化。

3. 装饰瓶、灯具及装饰画表现的注意事项

物品越小细节越多，需要把一些细节进行归纳整理，通过针管笔线条的深浅排列、粗细变化把它们表现出来。

4.3.4 沙发的表现方法

1. 沙发的表现

接下来介绍沙发的表现步骤，在绘制沙发时主要注意对沙发质感的表现。

视频：沙发表现-1　视频：沙发表现-2　视频：沙发表现-3

Step 01 把沙发的大方体透视画出来，这一步的透视一定要准。可以先用铅笔起稿，等画熟练以后再直接用针管笔绘制具体的形状和结构。

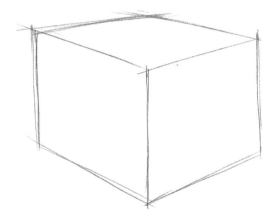

Step 02 用铅笔把沙发具体的形状勾勒出来。

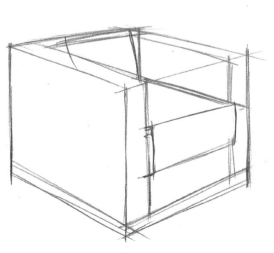

Step 03 有了铅笔稿，就可以用针管笔给沙发上墨线了。在勾线时尽可能地把沙发的质感表现出来，软的地方可以用一些弧线来表现。注意线条不要太僵硬，可参考布面沙发的表现方式。

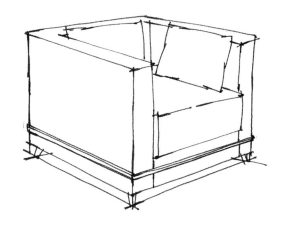

Step 04 给沙发加一些明暗关系，在沙发阴影的地方加上调子。注意线条的排列方式及疏密关系。

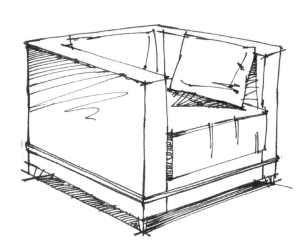

| 沙发综合练习一 |

│ 沙发综合练习二 │

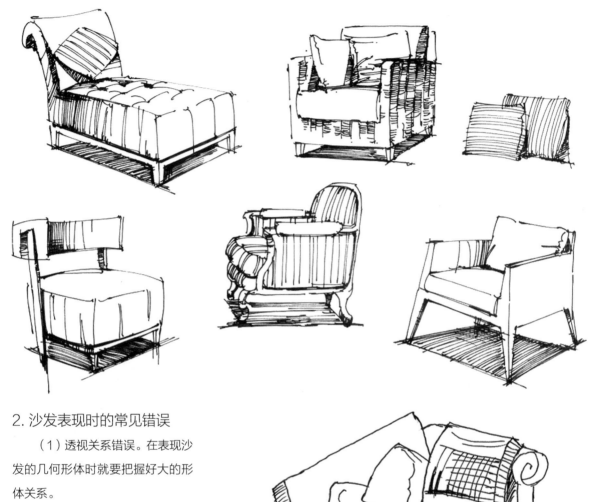

2. 沙发表现时的常见错误

（1）透视关系错误。在表现沙发的几何形体时就要把握好大的形体关系。

（2）明暗关系和调子线条表现凌乱，没有规律，也体现不出沙发的质感。

3. 沙发表现的注意事项

（1）对轮廓和透视一定要准确体现。初学者一定要在开始时就准确把握透视。透视不准确会直接影响后面对沙发形体的表现。

（2）把物体的明暗关系分析明确。

（3）关于线条和阴影线条的排列，初学者在表现时可以多找一些参考资料，确定好了再下笔。

4.3.5 茶几的表现方法

1. 茶几的表现

茶几的表现可以结合对玻璃质感的表现来练习，注意把握好透视关系与茶几的结构转折等。

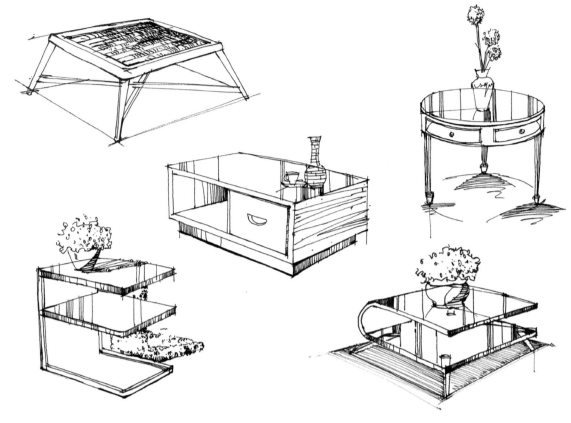

2. 茶几表现时的常见错误

（1）初学者在表现透视时容易出现右图所示情况。这样的透视虽然看上去不会有太大的问题，但是给人一种不平稳的感觉。

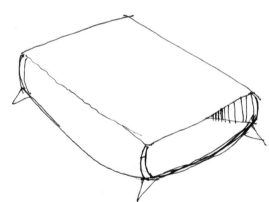

（2）常见右图这样的线条和调子。线条没有变化、形不准、线条断断续续。

3. 茶几表现的注意事项

（1）表现玻璃茶几时要注意调子线条的用笔方向。

（2）下笔必须快速、准确，不要有间断。

（3）线条的排列要把黑白灰关系明确地表现出来，不然物体没有质感，造型也不明确。

4.3.6 单体床的表现方法

视频：**单体床表现**

1. 单体床的表现

床体的表现与沙发的表现有很多相似的地方。例如，都是从一个方体开始演变的，只是在表现床体时，布褶要尽可能表现得整体一些，过于琐碎的线条会让画面看起来比较乱。下面我们来学习床体的表现方法。

Step 01 用铅笔确定床体的透视及外形。

Step 02 用铅笔画出床上的抱枕和床盖，再进一步完善。确定好它们的位置和比例，在用针管笔上墨线时就能比较准确地画出它们的形体关系。

Step 03 结合铅笔稿，用针管笔上墨线。注意质感的线条不要过于生硬死板，线条一定要体现出被子和抱枕的柔软感。

Step 04 结合物体的阴影关系，用线条的粗细、深浅将床体加以完善。注意形体感的塑造。

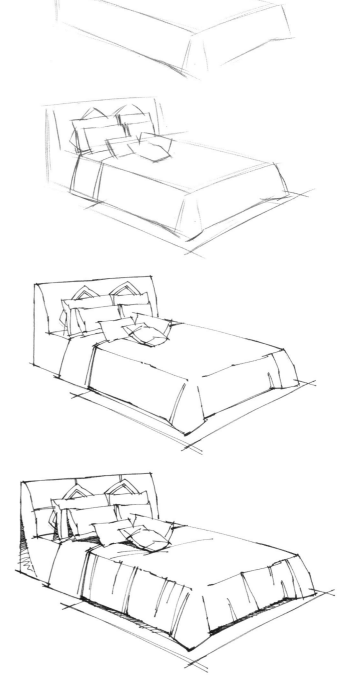

| 床体综合练习 |

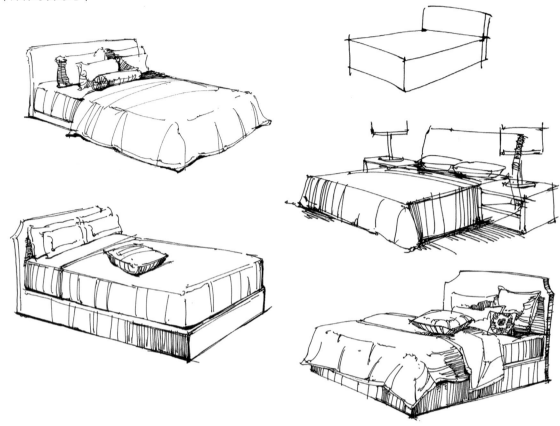

2. 单体床表现时的常见错误

（1）透视不准确，床上的抱枕线条过于凌乱，没有质感。

（2）床体暗部的线条画得僵硬，没有变化，所以导致明暗关系不明确。

（3）床体上的床盖是初学者比较难把握的一点，表现得不到位时就会出现右图的效果。

3. 单体床表现的注意事项

（1）透视关系要把握准确，画出来的效果应是正常人眼所看到的平视效果，不要画俯视效果。

（2）质感线条的表现尤为重要，床上的枕头和大面积的布艺床盖是重点，注意线条的柔软度。

（3）对于床盖来说，布褶线条的把握尤为重要，在表现这些线条时也要结合整体的明暗关系。

4.4 组合家具的表现

下面继续进行家具绘制练习，不同的是在单体家具的基础上增加了难度，因为在之后所表现的空间里，家具都是呈组合形式出现的，所以更要求我们加强对家具透视、质感线条、明暗关系的综合练习，不断提高手绘的基础表现能力。

4.4.1 组合家具的表现步骤

我们先来了解一下表现组合家具的一些步骤。

Step 01 确定整体的透视关系，大的形体透视一定要准确。起初的每一条线看似简单，但一定都要准确地表现出来。

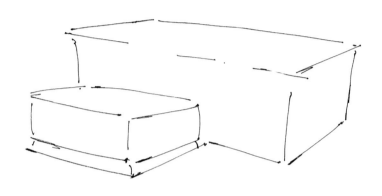

⚠注意 在一开始表现两个几何形体的透视关系时，两个几何形体的消失点的方向应是一致的。

Step 02 根据整体透视关系画出物体的结构造型。这一步也是对家具外观特点的表现。如果对于单体练习已经熟练掌握了，那么成组的家具表现也是使用同样的方法。

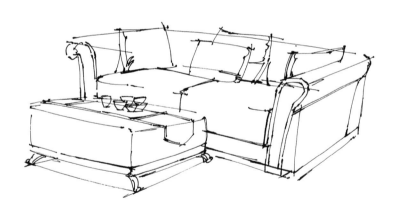

Step 03 深入刻画细节，结合光影关系表现家具的质感和明暗关系。最后将家具完整地表现出来。

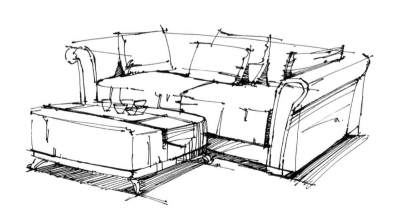

4.4.2 沙发组合的表现方法

1. 沙发组合的表现范例一

接下来通过大量的组合家具绘制练习，将我们的知识点进行巩固，通过反复不断地练习，达到熟练的程度。

视频：沙发组合表现

2. 沙发组合的表现范例二

休闲椅和茶几的组合在室内空间中也十分常见。通过下面的练习，对家具效果进行完善。

3. 沙发组合的表现范例三

　　在画好沙发的形体关系之后，可以用粗一点的针管笔将沙发座与垫子的交接处加深加粗，对结构进行强调。

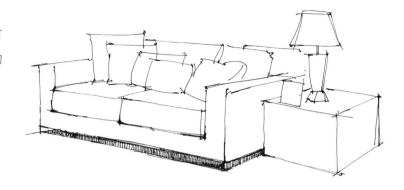

　　最后再通过线条的排列，塑造物体的质感及明暗关系。

4. 沙发组合的表现范例四

　　在表现单色藤制沙发的质感时，一定要结合光影关系及疏密变化来排列线条，这样表现出的家具才更加真实。线条排列得过多会显得沙发没有立体感；线条排列得过少，质感表现得又不够真实。

　　在画这种形状的沙发时，要注意线条不能太过于生硬，有弧度的地方就应该用弧线去表现。

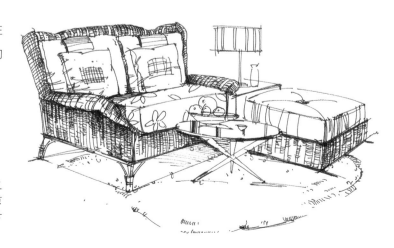

ⓘ注意 特殊材质的沙发线条与普通沙发的质感排线是不一样的，藤制质感的沙发线条可以像上图一样去表现。一般用的都是短线。

5. 沙发组合表现时的常见错误

（1）在这里，着重对沙发组合的透视进行说明。从右图可以看出，几个方盒子的透视不是一致的，所以在此基础上表现出来的家具也会有形不准的问题，在表现时要注意。

（2）质感表现问题。前面已讲过单体沙发的具体表现方法，以及茶几和饰品的表现形式，这里不再赘述。

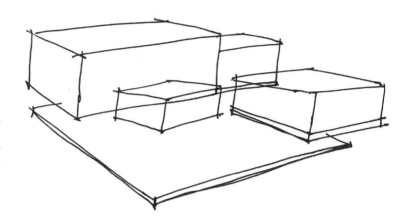

4.4.3 床体组合的表现方法 —————————

1. 床体组合的表现范例一

Step 01 用针管笔画出组合床体家具。注意表现时床和床头柜的透视关系一定要一致，不能有太大的偏差。

视频：床体组合表现

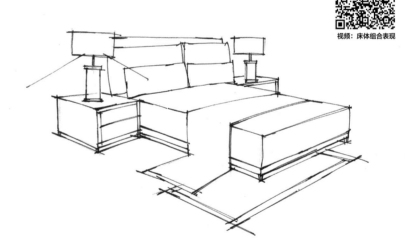

Step 02 结合形体关系用线条去塑造家具的造型及质感。

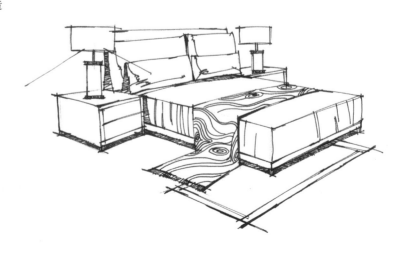

2. 床体组合的表现范例二

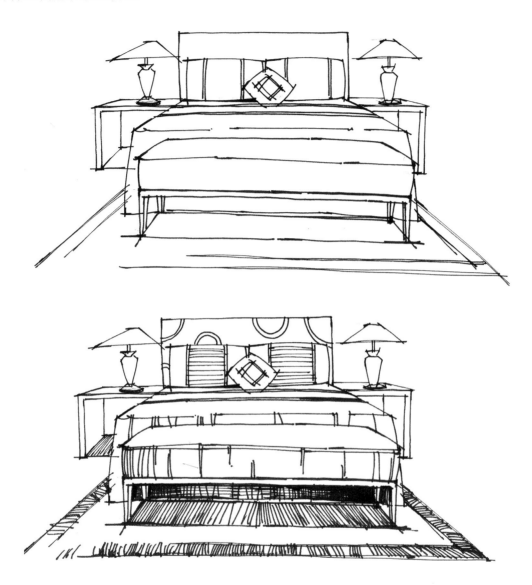

3. 床体组合表现时的常见错误

（1）整体透视不统一。这是初学者在表现组合家具时最容易出现的问题。

（2）床体质感和线条的表现不够充分。

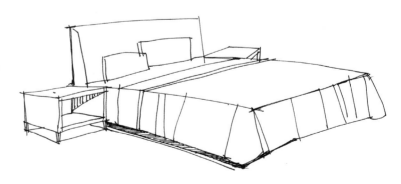

4.4.4 桌椅组合的表现方法

1. 桌椅组合的表现步骤

　　表现桌椅组合家具相比其他组合家具要复杂一些，因为桌椅的腿比较多，结构也多，所以在表现时要注意整体透视和结构的把握。下面我们来学习桌椅组合的画法。

Step 01 准确把握地面位置的透视。这一步直接影响后面对整体家具的表现。这里表现的是两点透视的桌椅，所以要注意线条的消失方向。

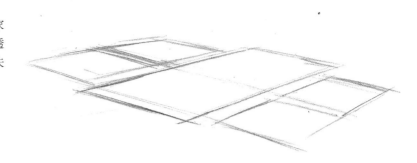

Step 02 所有家具的大形都离不开几何形体，要在这样的几何体里把桌椅的具体形状表现出来。

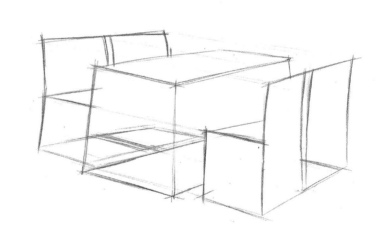

Step 03 对家具具体结构形体的表现。要尽可能地把家具的特征和细节表现清楚。

Step 04 阴影线条的排列。可以加一些线条以体现物体的质感。

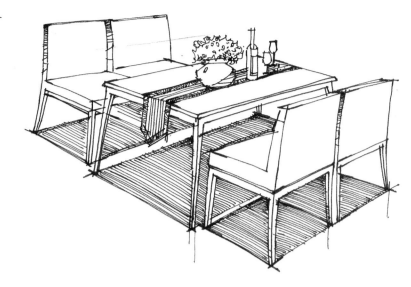

2. 桌椅组合案例

在表现桌椅组合家具时，要注意整体的透视关系与家具本身结构的统一性，单体的透视关系要与组合整体的透视关系相协调。

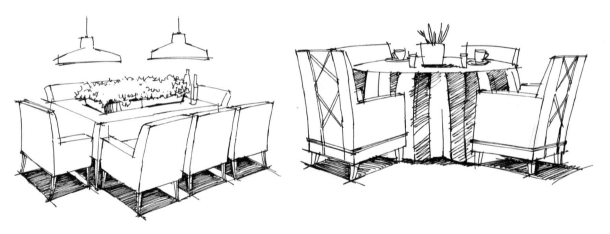

3. 桌椅组合表现时的常见错误

初学者在表现桌椅组合时，透视关系是一个难点。如果一开始透视就把握得不准确，那么接下来家具的形状也会出现问题。

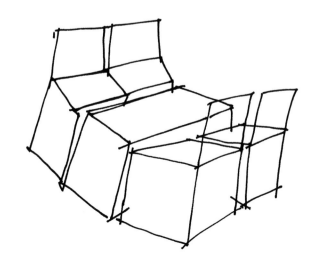

第 **5** 章
马克笔、彩色铅笔的特性与用法

本章重点

颜色在室内手绘效果图表现中占据着重要的地位，学会用马克笔快速表现陈设是本章学习的重点。对于初学者来说，上色这部分也是难点，包括色彩基础知识的掌握，马克笔的运用，用笔的力度及速度等。关于颜色的搭配，需要我们经过反复不断的训练，掌握丰富的经验，才能使颜色与我们的空间完美结合。

5.1 色彩基础知识

在开始用马克笔和彩铅对家具上色之前，先对色彩的基础知识进行学习与了解，需要掌握色彩的三要素，冷暖色对比，马克笔的常用色等知识。有了基础知识才能更好地在实践中运用好手绘上色工具。

5.1.1 色彩的三属性

1. 色相

色相是色彩的显著特征，能够比较确切地表示某种颜色色别。例如，红、黄、蓝、绿、橙等。

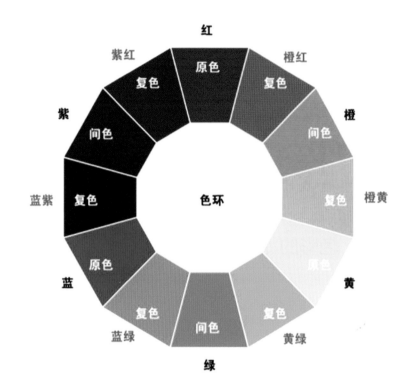

2. 明度

明度即色彩的明暗程度，又称光度、亮度或明暗度。光线反射率多时，明度较高。明度是最适合表现物体的立体感与空间感的，它是色彩的骨架，是色彩结构的关键。

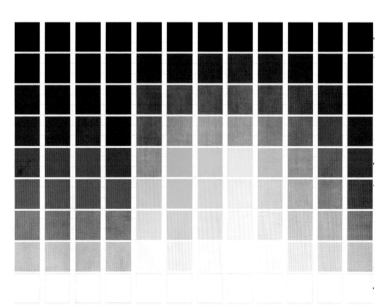

3. 纯度

纯度是指色彩的鲜浊程度。纯度的变化可通过三原色互混产生，也可以通过加白、加黑、加灰产生，还可以补色相混产生。色相感越明确、纯净，其色彩纯度越高，反之，则越灰。

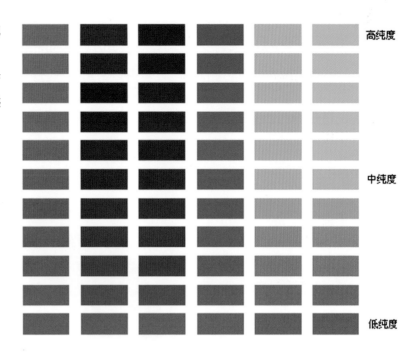

5.1.2 色彩的冷暖对比

色彩的冷暖是根据人的心理感受而形成的一种视觉感知，人们把颜色分为暖色调和冷色调。例红、橙、黄为暖色调，蓝、紫、青为冷色调。在绘画与设计中，暖色调总体给人以亲密、温馨之感，冷色调给人以距离、冷酷、凉爽之感，所以冷暖的对比在绘画及设计中使用得极为广泛。人们通过空间中的颜色冷暖对比，达到空间所想要的一种视觉效果。

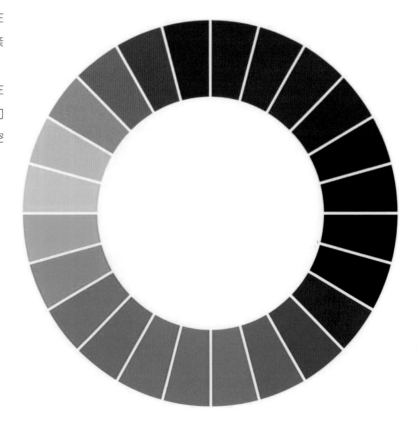

下面是冷暖色调不同的两个空间，放在一起产生了视觉对比，给人不同的视觉感受和想象空间。

5.1.3　马克笔的常用色系

　　很多初学者面对复杂多变的马克笔颜色会不知所措，下面为大家介绍一下常用的马克笔颜色以及这些颜色在室内手绘中的运用。

　　首先，了解一下马克笔的品牌和颜色，Touch牌马克笔是常用的一个品牌，这款笔市面上的颜色多达140多种，但这些颜色在绘画时不会全部都用到，而是根据一定的规律整理出室内设计表现常用的颜色，室内手绘中常用的颜色大概有50多种。其次，在运用这些颜色之前，我们要知道笔杆上的编号代表什么意思，这样才能找准颜色下笔。一般来说灰色系笔号数字前面会带有英文字母，WG代表暖灰，BG代表深灰（深灰是偏蓝的一种灰），GG代表中性灰（中性灰是偏绿的一种灰），其他的色号会根据颜色变化而依次排序。初学者可以在绘画之前做一个色卡表，这样有助于找准颜色，进行颜色的搭配。下面为大家介绍常用颜色色系。

1. 暖灰色系

暖灰色系在室内手绘表现中使用率很高，常用于偏暖或者暖色的室内空间墙体、地面及陈设。暖灰色系颜色不仅能单独使用，还能跟其他颜色搭配使用作为打底色，这样可使物体颜色看起来更加真实、柔和。

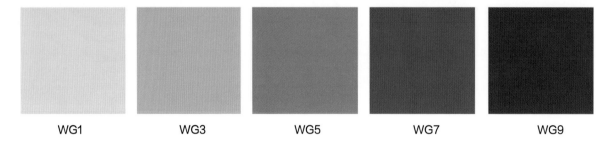

| WG1 | WG3 | WG5 | WG7 | WG9 |

暖灰色系在表现物体的效果时可以由浅灰到深灰进行叠加。注意上色时后面颜色越深着色的面积应该越小。

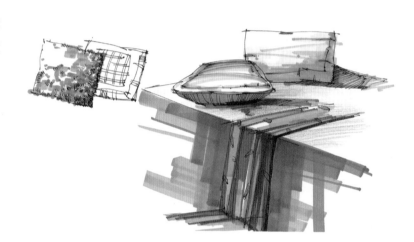

2. 冷灰色系

冷灰色系常用于偏冷的室内空间及陈设，也可以跟暖灰色系搭配，形成冷暖的对比。

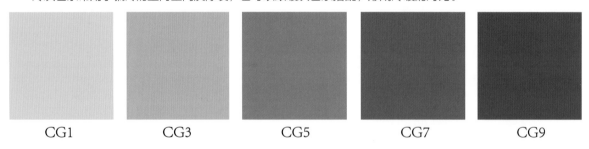

| CG1 | CG3 | CG5 | CG7 | CG9 |

3. 深灰色系

深灰色系可以表现很多物体，可以单独使用，也可以用于加深物体、墙体和家具的暗部，颜色比较沉稳。

| BG1 | BG3 | BG5 | BG7 | BG9 |

深灰色系也可以表现特殊室内材质，如玻璃和不锈钢等。

4. 中性灰色系

　　这种灰色系稍微偏一点绿，所以有些初学者在画白色或者灰色大面积墙体时，用这个灰色，这样会使墙面看起来发绿，效果可能跟我们预想的有差别，所以用中性灰时要思考后再下笔。

GG1　　　　　　　　GG3　　　　　　　　GG5

5. 黑色

　　黑色在整个效果图当中一般不会大面积使用，黑色常用于强调转折与结构，体现明暗关系对比，从而塑造立体的空间效果。

120

6. 绿色系

　　在室内手绘表现中绿色系也是必不可少的颜色。除了可以用来表现绿植外，也可以用于陈设、空间的表现。除了下面罗列的绿色外，175号和55号也是常用的颜色。

48　　　　　　47　　　　　　43　　　　　　42　　　　　　50

室内绿植的颜色就可以用以上几种颜色进行搭配。

7. 黄色系

黄色系根据色号的变化，颜色的深浅和饱和度也会发生变化，便于我们表现不同材质的家具及装饰。除了下面列出的颜色外，26号和22号也是常用的颜色。

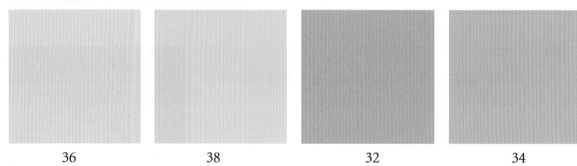

| 36 | 38 | 32 | 34 |

沙发上面颜色比较重的就是22号颜色，饱和度比较高的颜色在表现时可以用概括性的笔触去画，不用全都涂满颜色。

8. 棕色系

棕色系是比较沉稳的颜色，木制家具、地板和墙面的造型等都离不开它。除了下面列出的颜色外，95号和96号等棕色，在我们表现时也会用到。

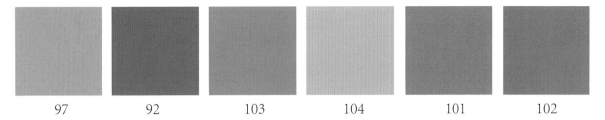

| 97 | 92 | 103 | 104 | 101 | 102 |

这个柜子主体颜色就用到了棕色，木制质感家具底色一般可以用浅黄色。

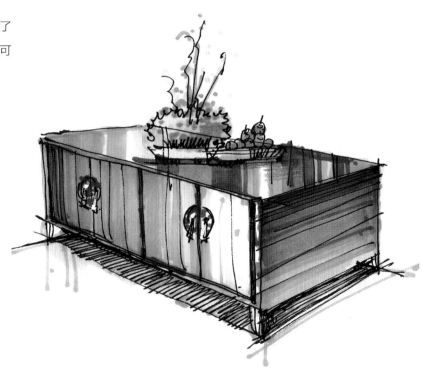

9. 红色系

红色系的饱和度相对来说较高，所以室内空间手绘在遇到大面积红色时，一定要注意整体空间色调和饱和度的控制，因为颜色过于鲜艳会显得空间不够真实。

| 1 | 4 | 7 | 9 |

红色系的颜色常用于点缀，如果没有特殊空间的表现，一般不会大面积使用。

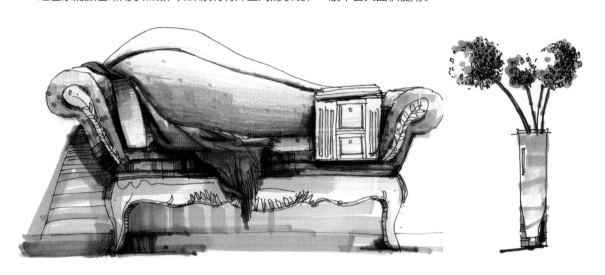

5.1.4 彩色铅笔的色彩特点

　　对于彩色铅笔，我们一般都会选择水溶性的，这是因为它的颜色柔和，也能很好地和马克笔搭配使用，使两者的笔触融为一体。彩色铅笔的颜色丰富，表现细腻，可以层层叠加，形成画面的层次感，笔触可粗可细，能起到很好的过渡作用。

　　彩铅一般在表现时都是和马克笔结合使用。当然彩色铅笔也可作为单独上色工具表现手绘草图，也可以在针管笔或钢笔线稿上上色。笔触可以像素描一样排线，容易掌握，而且覆盖力强，可随意调配颜色，画面有厚重感。缺点是单独使用彩铅上色速度比马克笔慢很多，出效果慢，需要时间去深入刻画。因此，大多数情况都是跟马克笔结合使用，它可以弥补马克笔颜色单一，笔触较硬的缺陷，也能衔接马克笔笔触之间的空白。

5.2　马克笔和彩色铅笔的笔触讲解

　　马克笔的笔触是一项重点，也是难点。在这之前我们练习过马克笔的线条，是为了熟悉手绘工具，下面主要讲解马克笔上色的笔触，以及进行综合型的排线练习。

视频：马克笔基础笔法

5.2.1　马克笔的笔触讲解

1. 平行用笔练习

　　平行用笔是一种比较普通的摆笔效果，线条简单地平行或垂直排列，为画面建立秩序感，增强画面的整体性。

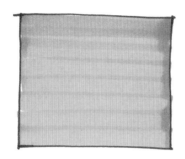
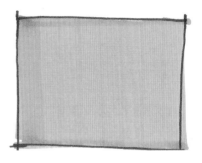

> **注意**　在马克笔线条练习部分提到过用笔速度问题，在纸上进行摆笔时不能速度过慢，速度过慢笔触就会含糊不清，颜色会晕在纸面上。

　　平行用笔法适合塑造大面积物体，笔触工整具有一定秩序感，如下图所示。

　　另一种是比较概括性的表现方式，用笔时可以根据物体的颜色、深浅变化进行颜色的过渡。这种笔触要有疏密和粗细的变化，要利用折线的笔触形式逐渐拉开线条的间距，概括地表达过渡的效果。另外要注意，随着线的空隙加大，笔触也要越来越细，这就需要我们调整笔头，熟练地运笔。

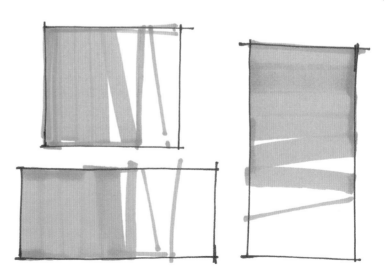

这种笔法要注意线条的斜度变化，细线部分用马克笔笔头即可，但要注意，细线线条不可过多，不然画面会显得琐碎。

2. 叠加用笔练习

笔触的叠加是马克笔常见一种表现方式，它能使画面色彩丰富、过渡清晰、层次丰富。为了强调效果，往往都会在第一遍颜色铺完之后，用统一色系的马克笔再叠加一层。

⚠️注意 叠加第二层颜色时不要选择比第一层浅的颜色，因为这样叠加出来的效果不明显。叠加颜色的运笔方向要和第一层笔触的运笔方向一致，不能交叉，第二遍颜色也必须完全覆盖掉第一遍的颜色，要不然物体和画面就会显得乱，没有秩序感。

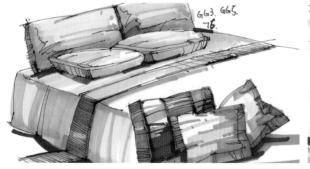

5.2.2 彩色铅笔的笔触讲解

彩色铅笔的笔触相对于马克笔
的笔触要简单许多。在上色过程
中，运笔尽可能均匀，可以平铺，
也可以随意叠加颜色，可以起到调
色的效果。

彩色铅笔与马克笔的搭配使用效果。

5.3 家具陈设的上色表现方法

很多初学者一开始接触马克笔上色的时候都会觉得难。有美术基础的学员会容易接受一些；没有美术基础的学员就会觉得无从下笔。下面将重点讲解马克笔上色的一些规律，只要我们熟悉这些规律，勤于练习，那么上色就会变得容易掌握。

5.3.1 几何体的上色表现方法

1. 几何体的上色步骤

要想物体颜色有层次感，颜色的叠加深浅尤为重要。下面我们来了解一下马克笔的上色步骤。

视频：几何体马克笔
上色表现

Step 01 第一层颜色为底色，一般会用灰色系或者浅色作为底色。

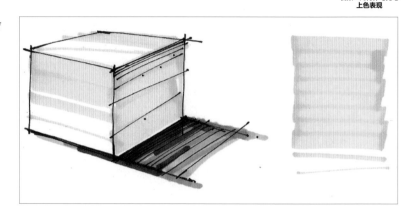

Step 02 第二层颜色可以为深色，一般为物体本身颜色的。

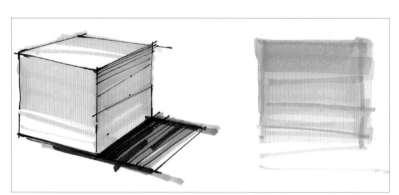

> **注意** 在上第二层颜色时不要把第一层的颜色全部覆盖掉，要留出第一层的颜色，如果全部覆盖就不会有层次感了。

Step 03 第三层颜色一般为重色，用于加深暗部，塑造物体的立体感和空间感。注意笔触疏密和粗细的变化。

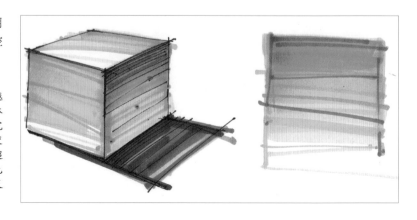

> **注意** 马克笔上色要适当留白，颜色越深，占的面积越小，这样才能体现物体颜色的层次感。一般画完的颜色能够明显看出颜色的渐变感。马克笔颜色叠加最好不要超过3种（特殊材质除外），颜色不是叠加越多越好，颜色多了反而会使画面显得脏、乱。

2. 几何体综合练习范例

| 几何体练习范例一 |

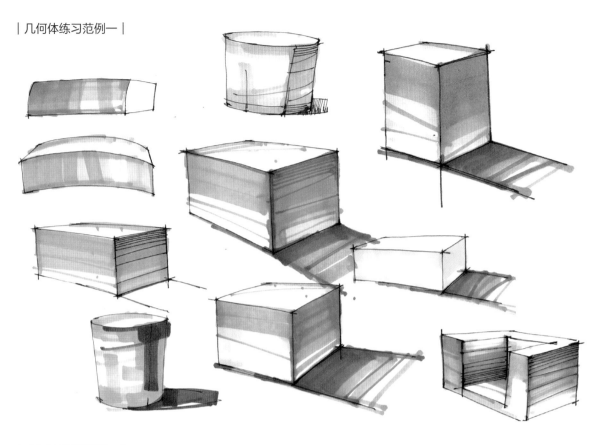

| 几何体练习范例二 |

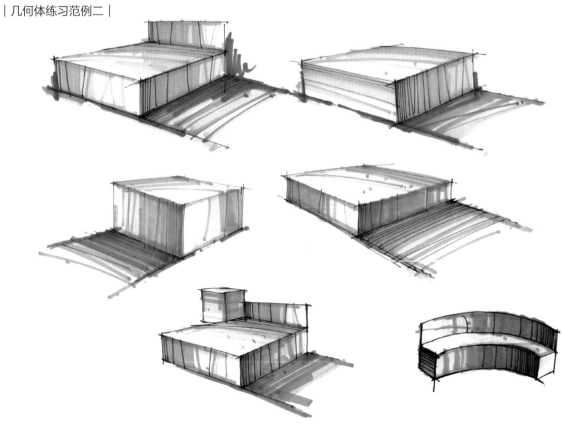

5.3.2 装饰性绿植的上色表现方法

1. 装饰性绿植的上色步骤

视频：绿植马克笔上色 　 视频：绿植马克笔上色
表现-1 　 表现-2

Step 01 绿植线稿画好后，我们一般用48号马克笔上第一遍颜色。笔触和颜色要跟随叶子的形状走向。

Step 02 用47号马克笔继续加深叶子的颜色，在加深过程中注意处理暗部，不要把第一遍颜色全都盖上了。

Step 03 用43号和50号马克笔继续加深叶子的颜色，注意这两个颜色的比例。花盆的颜色可以根据实物的颜色来定。最后用BG7号和BG9号深灰色马克笔给物体加上阴影，使物体变得更加真实。

2. 装饰性绿植的上色表现范例

| 装饰性绿植的上色表现范例一 |

| 装饰性绿植的上色表现范例二 |

3. 装饰瓶及装饰画的上色范例

注意 装饰物练习是很多初学者容易忽视的一块，但装饰物在空间中起着画龙点睛的作用，所以装饰物的练习是很有必要的。
在表现装饰物体时要注意明暗关系的确定及颜色笔触的变化，笔触的变化与明暗关系相结合，才能体现物体的真实感。

5.3.3 单体沙发的上色表现方法

1. 单体沙发的上色步骤

Step 01 用185号浅蓝色马克笔给沙发上一层薄薄的颜色，再用CG1号冷灰色马克笔加深暗部。

视频：**单体沙发马克笔
上色表现**

Step 02 第二遍上颜色，用冷灰色系CG3号马克笔继续加深沙发的暗部，注意笔触的变化。

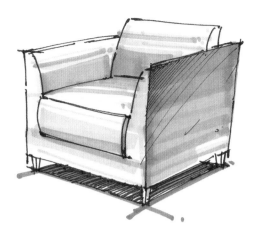

Step 03 最深的颜色用的是BG5号深灰色。注意在颜色叠加时笔触的变化。最深的颜色不要把前面的颜色盖住。沙发影子颜色为深灰色系BG3号、BG5号和BG7号。最后可用120号黑色马克笔对结构转折进行强调。

2. 单体沙发的上色表现范例

| 单体沙发的上色表现范例一 |

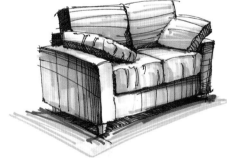

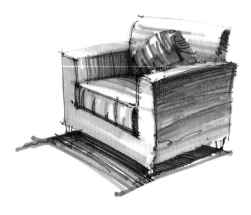

| 单体沙发的上色表现范例二 |

注意 给沙发上色时多考虑沙发的质感，塑造沙发的立体感，还要注意层次关系及明暗光影关系的处理，例如，沙发暗部颜色的叠加，结构转折可以用120号黑色或深色进行强调，这样有助于形体的塑造。

5.3.4 单体茶几的上色表现方法

1. 单体茶几的上色步骤

Step 01 第一遍的颜色用了两个色号，分别是142号和103号，都是属于棕色系里面的，以便区分明暗关系。

视频：玻璃茶几上色表现

Step 02 用92号深棕色马克笔将茶几的暗部加深，玻璃部分摆笔方向是垂直的，注意笔触的排列。

Step 03 用暖灰色系画茶几的影子，越靠里颜色越深。用WG9号马克笔强调结构转折部分。

 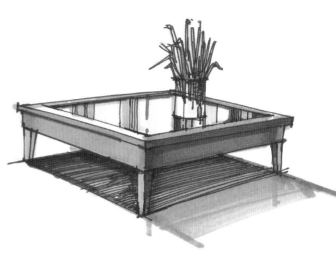

2. 单体茶几的上色表现范例

│ 单体茶几的上色表现范例一 │

| 单体茶几的上色表现范例二 |

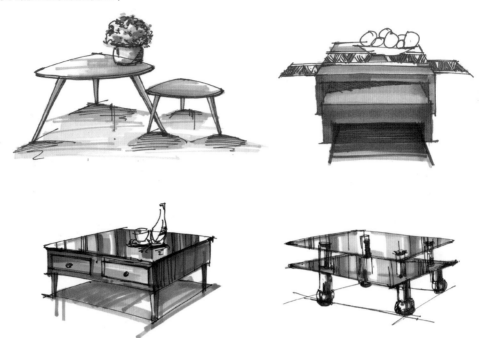

> **注意** 茶几的质感通常是光滑的玻璃，或是上了漆的实木，在处理这样的材质时要注意笔触的速度与力度。笔速太慢，下笔过重都会使颜色模糊，所以在表现特殊材质时对于马克笔的排笔也有特殊的要求，即用笔速度一定要快、准，笔触不要来回涂抹。

5.3.5 单体椅子的上色表现方法

单体椅子的上色表现范例

> **注意** 在表现椅子颜色时注意笔触，椅子腿相对来说比较细，所以上色时注意笔触不要过粗，还要通过颜色来区分椅子腿的结构转折及明暗变化，初学者在表现椅子时，容易把椅子腿全画成一个颜色，这是错误的。

5.4 家具组合的上色表现范例

　　组合家具也相当于一个小空间，我们可以通过循序渐进的上色练习来掌握马克笔用色的技巧。给组合家具上色时注意家具颜色的搭配，颜色不宜过于丰富，注意家具装饰的整体性。

5.4.1 沙发组合的上色表现范例 ————

1. 沙发组合的上色表现步骤

视频：沙发组合上色表现-1　　视频：沙发组合上色表现-2　　视频：沙发组合上色表现-3

Step 01 将所有家具装饰底色的表现出来。这里沙发用的是冷灰色CG2号马克笔，地毯也是用的冷灰，因为跟沙发是同一个色系，所以我们可以通过深浅来区分两者。两个茶几用的是暖灰色WG1号马克笔，第一遍颜色通常用比较浅的色号，其他配饰的颜色大家也可以根据整体家具颜色自行搭配。

Step 02 用冷灰CG5号马克笔、暖灰WG5号马克笔加深沙发和茶几的暗部，家具灰面的地方可用浅一些的色号去表现，作为过渡颜色。为了使整个沙发增添一些色彩感，这里我们还加入了70号颜色去表现沙发的条纹。

Step 03 强调结构、暗部、转折需要用更深的颜色做出整个沙发组合的造型感。如沙发暗部的地方用的是BG7号马克笔和BG9号马克笔进行表现。

2. 沙发组合的上色表现范例

| 沙发组合的上色范例一 |

| 沙发组合的上色范例二 |

| 沙发组合的上色范例三 |

5.4.2 床体组合的上色表现范例 ————

1. 床体组合的上色表现步骤

视频：床体组合上色表现-1　视频：床体组合上色表现-2　视频：床体组合上色表现-3

Step 01 第一遍颜色为底色，底色一般都是较浅的颜色。这里整体用到两个色系，一个是深灰色系，另一个是棕色系。床体和床头柜用的WG2号马克笔，床盖用的是BG1号马克笔作为底色。为了使整体组合家具颜色更加和谐，抱枕和枕头也用了同样的颜色，注意前后靠在一起的抱枕不要使用同样的颜色，可以错开使用深灰色和暖灰色。

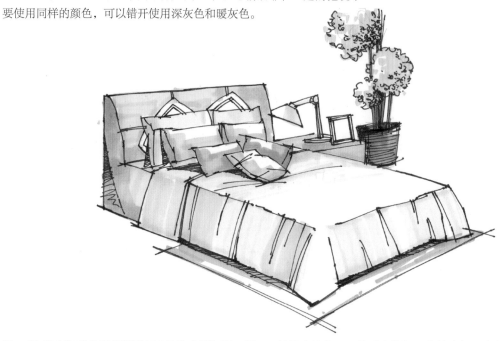

Step 02 床头和床头柜继续用102号马克笔加深，用BG3号马克笔和BG5号马克笔加深床盖暗部。注意加深暗部，颜色要随着形状走，也就是跟随着结构布褶的走向，在加深暗部的同时把布褶的质感也表现出来。

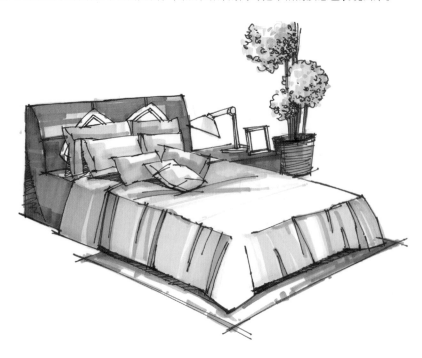

Step 03 继续加深颜色和完善整体画面，但不要忘记颜色要随着形状走，这一点很重要。

Step 04 在床体颜色表现得比较充分的情况下，可以给床盖亮部加一些空间里灯光的颜色，用稍微偏暖一点的142号马克笔,这样的颜色在画面中起着冷暖对比的作用。

2. 床体组合的上色表现范例

| 床体组合的上色范例一 |

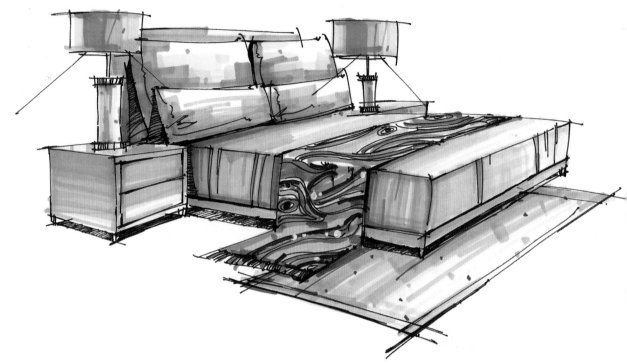

| 床体组合的上色范例二 |

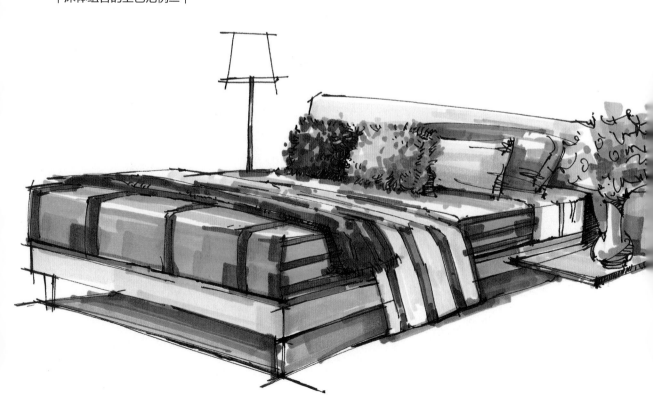

| 床体组合的上色范例三 |

| 床体组合的上色范例四 |

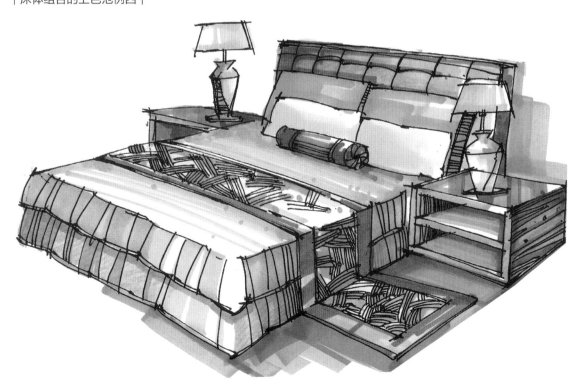

5.4.3 餐桌组合的上色表现范例

1. 餐桌组合的上色表现步骤

Step 01 餐桌的颜色以木材本身的颜色为主，所以这里用了36号马克笔上底色，椅子靠背是很浅的紫色，底色用146号马克笔表现。

Step 02 桌子用棕色系101号马克笔和92号马克笔进行加深，在表现组合家具时，家具与家具之间也要有深浅区分，所以椅子靠背的颜色仍然以浅色为主。

Step 03 椅子靠背用深紫色84号马克笔混入一点颜色，注意笔触，椅子靠背颜色不能涂得太平整，这样会使画面没有透气感。在表现深一点紫色时，注意笔触的调整，用下面这种线性的笔触表现其颜色就可以。

2. 餐桌组合的上色表现范例

| 餐桌组合的上色表现范例一 |

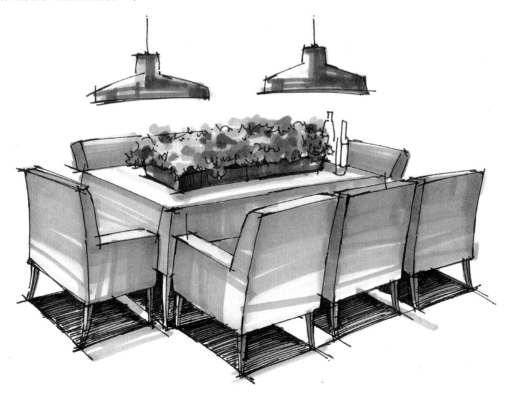

│餐桌组合的上色表现范例二│

│餐桌组合的上色表现范例三│

3. 家具组合上色表现的注意事项

这里总结一下马克笔上色要点及注意事项。

（1）要注意配色，每个人的色彩感觉不一样，初学者在选择色彩时不要想当然地选择，可以通过临摹或实际观察来搭配家具组合的颜色。

（2）马克笔的笔触总体来说要随着形体的结构走，所以在上色之前，一定要确保每一个家具的形体准确，这样在上色表现过程中就有了依据。

（3）上色时不要一下子把家具的颜色画得过深，这样特别容易出错。上色时把握好步骤，简单地说，就是按照底色、过渡色、加深暗部颜色、调整整体明暗关系这样的顺序来绘制。

第 6 章

空间的针管笔线稿表现

本章重点

本章重点要掌握针管笔空间线稿的表现方法。针管笔空间表现不仅是对前面所学内容的巩固，也是为后面进行空间色彩表现奠定基础。同时，也有助于我们掌握空间的明暗、透视和色彩关系。

在空间中表现颜色前，必须有单色针管笔线稿。线稿可提现空间的明暗关系，也可塑造空间的整体形态及家具的质感。初学者尤其要重视，不要盲目地给空间线稿上色，要先进行分析，再用马克笔上色，这样才不会出现大的问题。

6.1 空间线稿概述

　　一个空间里有家具和装饰物，我们将使用单色针管笔将空间、家具、装饰形成一个整体。单色的调子可以表现出空间透视的纵深感，还可以更加准确地体现整个家具造型的质感，让观者能够感受到手绘效果图的真实性。

空间线稿对比

　　通过以下两张图的对比，相信观者对于单色针管笔空间的表现有更深刻的感受。

| 空间线稿案例一 |

| 空间线稿案例二 |

　　相对于案例一来说案例二通过对整体空间光影关系的分析，结合家具明暗关系及材质，用线条表现出了空间里各家具质感，使整体空间显得生动富有真实感。

6.2　空间线稿表现

　　通过下面空间表现演示，能够更加清楚地表达空间单色表现的全部过程，经过不断地练习，这种表现方式也会被我们掌握得更加熟练。

6.2.1　客厅空间的线稿表现

　　下面我们通过实际的步骤表现，能更加直观地观察到针管笔表现的每一个细节，在把握整体空间造型，明暗关系及质感表现的同时，也要着重表现视觉中心的家具质感，结合之前单体家具表现技法，完善空间效果。

1. 客厅空间的线稿完成效果图

2. 客厅空间的线稿表现步骤

Step 01 按照基本的透视关系，把家具放到空间里面。右图为一点透视空间效果。前面在讲过关于一点透视的表现方式，初学者在表现时，家具一开始不要画得过于具体，可以用一些几何体代替。确定几何体的形体透视关系准确后再一步一步画家具的细节。

Step 02 用针管笔给铅笔稿上墨线，注意前实后虚的关系。前景的家具可以表现得实一些，空间靠里的家具表现的虚一些。在上墨线的同时可以用线条的粗细强调家具本身的结构和明暗关系，这样能增加空间效果的立体感。

Step 03 完善空间地面，单色调子可以从家具的阴影入手。沙发下的阴影比较重，一般选择空间里视觉中心物体颜色最重的地方开始表现。

Step 04 用直线表现茶几上面的反光和地面反光。

Step 05 完成最终效果图。注意一些细节的表现，如抱枕质感，沙发质感及其本身的明暗关系。因为沙发是空间的视觉重点，所以用线要格外注意不能太过，要和周围其他物体组合成一个整体。

6.2.2 卧室空间的线稿表现

　　卧室案例在绘制过程中注意抱枕和床垫质感的体现，很多初学者在绘制这种不规律的质感时，容易出现线条乱，明暗关系不明确的问题，要结合整体空间明暗关系去分析。地毯纹理线条要随着空间透视关系走，线条的方向要跟随视点，初学者在表现时容易把握不好线条的走向，这样画面效果也会不理想。

1. 卧室空间的线稿完成效果图

2. 卧室空间的线稿表现步骤

Step 01 用铅笔线稿准确地表现出一点斜透视空间和家具的透视关系。

Step 02 将家具的形态进行深化。

Step 03 用针管笔给线稿上墨线，画面主体家具的线条可以选择粗一些的针管笔表现，靠后的家具和墙体用较细的针管笔表现。

Step 04 床头中间部分是茶色玻璃，所以用下图这样的线条表现出镜面的质感。上半部木饰面作为装饰，用垂直的线条表现木饰面的纹理及明暗关系。

Step 05 一个空间里家具装饰要分主次，重点表现视觉焦点上的家具装饰，这样画面才能有层次感。如果所有地方都用线条排列，画面会显得乱，没有层次关系。

Step 06 完成最终效果图。整体分析空间明暗层次关系，最后加上地面投影线条。

6.2.3 卫浴空间的线稿表现

　　用单色表现卫浴空间质感有它的特殊性，因为整个空间中反光材质的物体比较多，给线条的排列增加了一些难度，所以在表现时要提前规划好整体空间明暗关系。对于陶瓷、地砖和玻璃的质感要整体把握和控制，物体的线条除了要体现出明暗关系对比外，还要体现物体反光的质感。

1. 卫浴空间的线稿完成效果图

2. 卫浴空间的线稿表现步骤

Step 01 按照一点透视的原理用铅笔把空间里陈设的透视、形体表现出来，位置关系要正确。

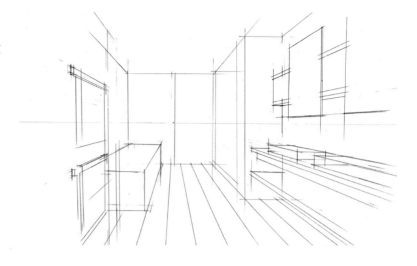

Step 02 卫浴空间里单体家具相对较少，但卫浴空间墙体有特殊性，所以也要把墙面装饰材料表现出来。

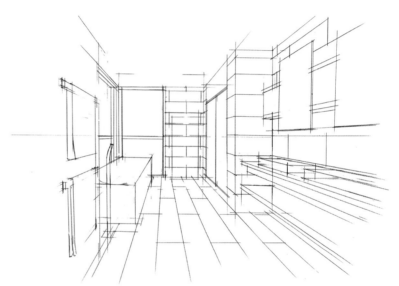

Step 03 用针管笔勾画好所有物体，为排线奠定基础。

Step 04 卫浴空间玻璃材质的物体较多，所以可以通过下图的排线方式将镜面、玻璃和陶瓷的质感表现出来。

Step 05 完成最终效果图。浴缸底部的阴影，地面地砖的反光可以表现出整个空间的通透感。

6.2.4 餐饮空间的线稿表现

本案例在表现时注意地面、家具和墙面造型线条的疏密关系，三者是一个整体，要突出画面重点。

1. 餐饮空间的线稿完成效果图

2. 餐饮空间的线稿表现步骤

Step 01 下图为空间的基础结构和框架。空间透视及家具表现完整后，接下来用线条表现出整体空间的阴影关系及家具造型质感。

Step 02 地面分地板和地砖两种材质，用线条结合光影分别表现出地面的质感及深浅关系。

Step 03 完成最终效果图。墙面的造型线条要保持与透视关系一致，也是与视点相交。最后可以强调一下最里面的家具和地面的颜色，这样可使空间感增强。

　　通过线条的打造，体现出了空间的真实感，增强了整体空间的生动性。这也是手绘单色空间的魅力所在。

6.3 实际案例临摹

下面我们结合一些实际的案例进行单色手绘的练习。在学习手绘的过程中，除了临摹一些好的手绘作品以外，还可以对一些实际的案例照片进行临摹。实际案例照片与手绘效果图是有区别的，案例照片上面的光影关系，质感表现都需要重新思考，将看到的图像用手绘的形式表现出来，这就需要对于空间、透视、明暗关系及质感都有一定的把控能力。在练习手绘的过程中如果一味地临摹已经画好的手绘效果图，而没有自己的思想和辨识力，这样的练习方式不利于我们自身手绘能力的进一步发展和提高。

6.3.1 公共空间的线稿表现案例 ——————————

本案例为餐厅的公共空间，着重表现中式元素的造型，同时用针管笔线条体现出木质纹理特点。

空间整体的线稿表现步骤

这是一张完成的餐厅过道效果图。

Step 01 一开始可以用铅笔把大体的透视关系及家具表现出来。起稿的步骤前面讲过，此处不再赘述。

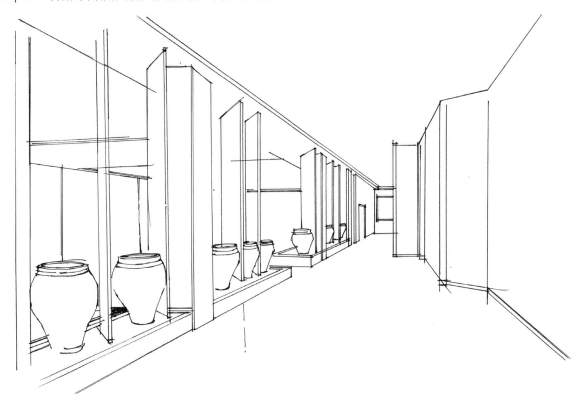

Step 02 结合实际案例将走廊的中式格栅用线条画出造型，注意前后线条粗细及中式格栅造型线条的疏密关系，顶面用线条表现出木饰面的纹理。

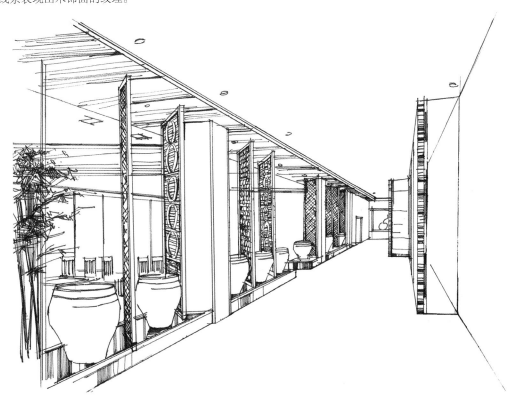

Step 03 画出地台的阴影部分和装饰墙面的花纹部分。

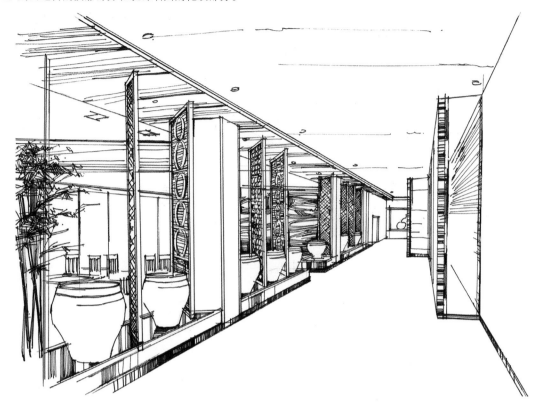

Step 04 完成最终效果图。用线条表现出地面反光及阴影，右侧墙面用线条表现出墙体的造型纹理感。

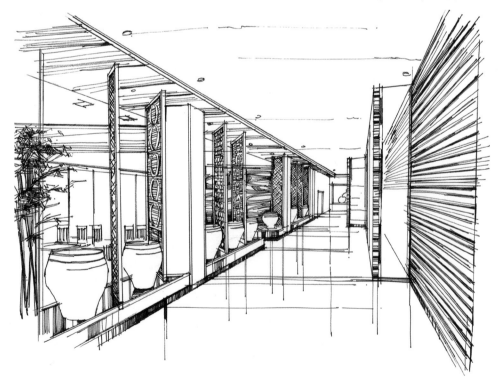

注意 表现中式格栅造型要注意其特点的把握，线条调子的排列不能过多，排线也不能过于均匀，运用明暗对比，分析好虚实关系再去表现格栅。格栅装饰墙占空间主要部分，所以也是我们主要表现的部分。

6.3.2 餐饮空间的线稿表现案例

　　餐厅桌椅的透视关系及质感是整个餐饮空间表现的重点，注意把握好成角透视空间与圆形家具透视的关系。墙面的木质造型结构用针管笔线条排列时要适当，不能过多过满，针管笔线条如果排列得过密就会显得乱，空间造型不明确。最后可使用马克笔去弥补墙面的造型特点。

空间整体的线稿表现步骤
餐饮空间实际案例图片。

Step 01 为了使大家能够更直观地看到单色空间表现，这里我们将最初起稿的步骤也呈现出来。根据原图定出基本透视关系构架，表现出大致透视关系和家具位置。两点透视一开始要特别注意角度大小的确定，因为角度直接影响整体空间效果。

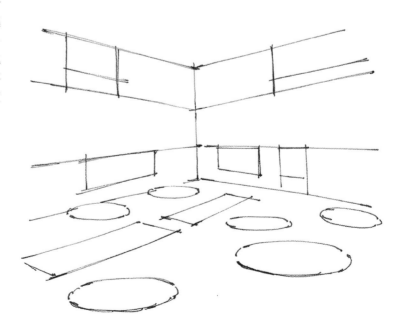

Step 02 表现家具结构及空间透视关系，同时表现出桌子和布的造型及质感。

Step 03 完善陈设，可以把暗部的线条用粗一些的线表现出来，凸显对比。

Step 04 完成最终效果图。这张效果图相对来说线条调子用得少一些，因为不是所有的画面都适合大面积地用线条去表现阴影关系及质感。

注意 餐厅背景墙面的造型，这里没有用线条再去表现，是为了画面的整体效果，最后上颜色时用马克笔直接把造型表现出来即可。

6.4 空间线稿范例分析

下面将为大家展示一些范例的细节分析与总结，通过细节的表现，进一步掌握单色手绘表现技巧，为后面上颜色做好准备。我们也可以从空间范例细节中，掌握各种不同材质的表现规律。

6.4.1 空间线稿范例的分析与总结

1. 卧室空间线稿表现范例

下图卧室效果图先用铅笔勾画了家具和大体透视关系，然后直接用针管笔徒手将家具、空间进行深入，这需要绘画者有一定的手绘基本功，在没有完全把握的情况下初学者仍然可以借助手绘工具来完成。

| 卧室空间表现效果图 |

右图为床褶表现细节图，可以重点强调床盖底部与地毯相交的部分，在结构或是转折处线条可以粗一些，加深其颜色。

2. 娱乐包房空间线稿表现范例

娱乐空间所用的材质比较丰富，除了家具之外，墙面造型也是重点描绘的对象。

| 软包材质表现细节图 |

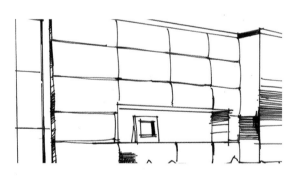

| 综合材料针管笔排线细节图 |

| 地面材质表现细节图 |

3. 办公空间线稿表现范例

在表现空间较大的场所时，家具可以采用近实远虚的表现方法。地面造型和家具都要注意前后的虚实关系。

| 天花板造型细节图 |

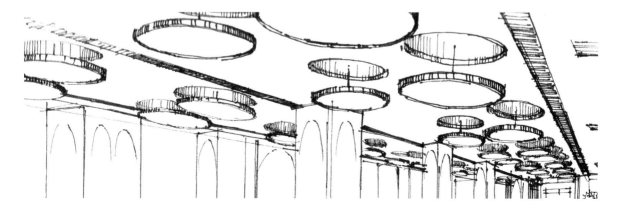

| 会议室效果图范例 |

注意空间墙面造型和家具的关联性，地面的排线跟随家具的阴影前明后暗，线条要有疏密的变化。

| 地板材质表现细节图 |

本节线稿的讲解是综合性的，需要不断地练习排线的过程，才能更好地将空间效果表现得更加完整。针管笔排线的练习也是室内设计手绘表现的重点。

6.4.2 空间线稿表现的错误案例分析

下面我们通过一些错误案例分析，帮助大家及时认识练习过程中的一些错误，并得到及时纠正。

1. 线条杂乱，质感表现不明确

右图整个空间的线条太乱，颜色过深，所以地砖的质感没有体现出来，灯光的线条也是如此。线条不是越多越好，排列时一定要考虑物体质感及规律，这一点是初学者最常见的问题。

2. 线条排列过密，空间关系不明确

　　下面这个餐厅，餐椅的线条、后面厨房门和厨房里操作台的线条都排列得过多过密了，所以前后空间关系不明确。厨房门由于线条过多，又有一些杂乱，玻璃质感也没有表现出来。门和里面操作台由于线条都过于密集，所以前后关系也区分不清楚。

3. 线条不够肯定，断断续续

　　下面这个空间线条不够肯定明确，有很多断断续续的小碎线条，所以看起来整个空间家具造型感都不强。床上的靠枕也没有表现出其质感，明暗关系也没有，所以影响整体空间效果。

第 7 章
空间的色彩表现

本章重点

本章将全面对空间颜色进行深入的讲解，通过各空间的实际案例演示，更加直观地表现空间上色的全过程。前面我们对马克笔上色也做了介绍，希望在学习本章内容时不要忘记前面提到的一些重要知识点，如家具组合颜色表现、单色空间针管笔表现案例分析，这些知识点都是表现好空间上色的基础和前提。空间色彩也是全书中的难点与重点，我们将通过实际案例，从整体空间色彩搭配、家具配色、质感表现等多个方面进行分析和步骤的呈现。在学习中除了要关注整体上色步骤外，也要注意案例的细节展示与分析，通过不断练习增强手绘表现的能力。

7.1 住宅空间的上色表现

住宅空间是我们生活中最熟悉的环境，因此本节也是按照空间功能分类，从小空间到大空间循序渐进地讲解上色的步骤和色彩搭配。

7.1.1 客厅的上色表现

Step 01 将客厅针管笔线稿图准备好，通过针管笔线条调子的排列，能够清楚地看出空间的明暗关系和家具的质感，在此基础上我们就可以给空间上色了。对于住宅空间客厅的配色原理其实有很多种，根据不同风格、格调就可以搭配出很多种不同的空间色调。这个空间是一个较为简单的现代风格客厅，所以可以选择现代风格常见的一些颜色进行搭配，需要注意的是住宅空间里大面积颜色不能超过3种，所以给空间上色之前就要确定好整体空间色调，在大的色彩关系里寻求变化。

整个客厅的色调是灰色调，客厅空间主要运用的马克笔颜色有BG1、BG3、BG5、BG7、BG9、WG1、WG3、WG5、WG7、WG0.05、48、CG3、70、74、26和CG1。

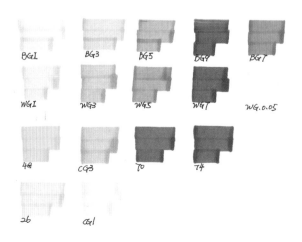

Step 02 第一遍颜色一般为灰色系中最浅的颜色，由浅往深地画。电视背景墙、电视柜、沙发角几和茶几都是用深灰 BG1作为底色，物体暗部用BG3略微加深区分一下。地面颜色可用CG1作为底色。

🎓注意 不论是给物体上色还是给空间上色都是由浅入深，千万不要一次性把颜色画得很深，这样在后面的过程中就不好调整画 面了。

凹进去的造型用马克笔BG1和BG3 叠加上色，在叠加颜色时注意层次 感的把握。

Step 03 用之前选出的灰色系分别继续深入刻画颜色。顶面的颜色为WG0.05，轻轻平铺就好，顶部颜色不易表现得过重。

用马克笔BG5继续加深，用叠加的笔触把电视背景墙的造型表现出来。

在表现地毯颜色时注意里外颜色深浅变化，用马克笔WG1、WG3和WG5由外向里跟随透视关系逐渐加深。用笔时注意笔触粗细的变化。

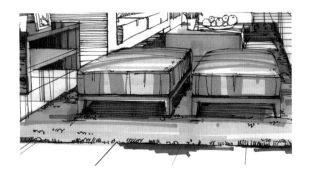

Step 04 着重表现地砖的颜色和天花板的环境色。主体物沙发深蓝的颜色在整个空间中也起到了点缀的作用，跟周围环境的灰色系有所区别，但又和整体空间的灰色调融为一体。

地面的颜色跟随透视关系外浅内深，用CG1作为底色，用CG3加深地面，用BG5勾画地砖纵向接缝处，最后用26号淡黄色作为环境色。

使用70号和74号马克笔为沙发上色。

Step 05 在表现空间颜色时可遵循先整体，后局部，再整体的原则。具体地讲就是先整体地铺空间里大面积的色块，然后给家具、陈设着色，最后调整，在最后调整时就不是像之前那样大面积上色了，而是小范围颜色调整。下图所示为地砖反光加一些周围墙面、家具的颜色作为环境色，顶面也可加入淡黄色作为灯光的颜色。

天花板的淡黄色用的是26号马克笔，天花墙体暗部可用马克笔暖灰色系的WG0.05、WG1和WG3叠加形成明暗对比。

地面颜色比较丰富，因为地砖的特殊材质关系，使用70号马克笔，以及WG3、WG5和BG5，但注意这些颜色不是平铺，只是小面积添加即可，最后用高光笔提亮，做出地面反射投影的感觉。

7.1.2 卧室的上色表现

卧室的上色原理同客厅的上色原理基本相似，颜色可根据空间的不同进行调整。卧室上色所用到的马克笔颜色有26、WG1、WG3、WG5、WG9、CG1、BG3、BG1、BG5、43、47、48、50、101、102、9和4。床体、地毯、床头镜面造型都是可用暖灰色系，地面是木地板本省棕色，这样把大面积颜色规划好了以后，接下来就可以分步骤给空间进行上色了。

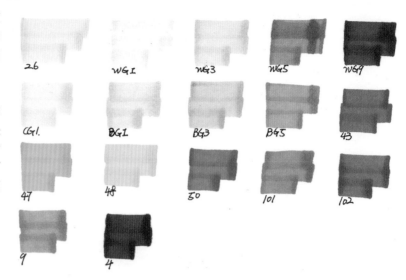

Step 01 画出卧室的空间线稿图，用线条准确地表现出空间里家具、地面和墙面造型的外形和质感。

Step 02 定好整体空间色调后，给整体空间先上一层底色，墙面、镜面造型、床体和床头柜都是用的暖灰WG1表现底色。地面用26号淡黄色作为底色。每个人对于颜色理解有所不同，这里地面底色的颜色，也可以用其他的颜色代替，只要符合木地板本身颜色即可。

Step 03 加深整体空间的颜色，特别注意每加深一步，空间颜色会越来越深，要注意家具和造型明暗关系的对比，没有深浅关系的对比，整个空间形体感、透视感就无法体现出来。

镜面的颜色使用WG1号和WG3号马克笔刻画，可以表现出层次感。镜框的颜色要重一些，会用到WG5号、WG7号和WG9号马克笔。

Step 04 床头深灰色的软包造型正好跟暖色墙面形成了冷暖的对比。床凳也是用深灰色系的BG3、BG5、BG7来刻画的，和床头软包在空间里形成呼应关系。

木地板使用101号和102号马克笔刻画，铺深棕色时可以把下面浅棕色的颜色留出来一些，不要全部铺满，这样整体画面才有透气感。

Step 05 整体调整画面，加入一些点缀的颜色，如床盖颜色和抱枕颜色纯度都可以高一些。地板再用92号马克笔加深桌子底下及周围小面积木地板的颜色。窗户外面除了绿植的颜色以外，最后用185号马克笔加一点淡蓝色，体现天空部分的色彩。

镜子除了用高光笔提亮以外，也可加入周围环境的部分颜色，如深灰色系的BG3和BG5，在空间里这样的颜色起到了很好的调节作用。

木地板最终细节图用92号马克笔加入了深棕色，把木地板明暗关系表现出来了。

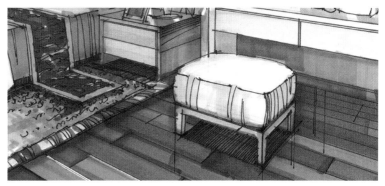

7.1.3 卫浴空间的上色表现

　　空间上色之前，单色线稿要注意地面、墙面和镜面独特材质表现，针管笔线条除了表现出空间明暗对比外，还要着重体现空间里材质质感。

整个卫浴空间还是以暖色调为主，所用到的马克笔颜色有WG1、WG2、WG3、WG5、WG7、WG9、26、32、103、92、185、BG1、BG3、BG5、BG7、BG9、CG7、7、47、43。从以上颜色我们可以看出整个空间是围绕着暖灰色调在进行变化的，如7、26、CG2这样的颜色作为环境色，起着点缀调节空间色彩的作用，下面我们将分步骤表现出空间色彩。

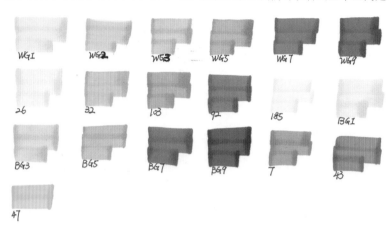

Step 01 吊顶、地面和墙面都是以WG1为底色，然后用32号马克笔画柜子、镜框和画框颜色。

Step 02 整体空间底色上色一遍后，就可以继续深入表现空间里的家具及造型。盥洗台和里面的柜子仍然使用暖灰色系的WG3、WG5、WG7加深颜色，明确造型及明暗对比关系。地毯的颜色以浅色为主，WG1和26号马克笔就可以表现出地毯的颜色。镜框和盥洗台柜门使用32号、103号和92号马克笔上色。

地砖的颜色深色部分用WG3和WG5叠加在一起的效果，前面浅色部分用深灰色系的BG1，形成空间中冷暖的对比。盥洗台底下阴影部分用重色CG7压深暗部。

Step 03 墙面和天花板的颜色也可逐步加深。浴缸的固有色为白色，陶瓷的材质反光较强，所以我个人建议在周围墙面、家具颜色都表现出来后，再去画浴缸的颜色，对于白色反光比较强的物体来说需要周围颜色的参照，BG1和26号马克笔就可以表现出浴缸的颜色。这里我还想补充一点的是对于反光较强的物体、高级灰的颜色，每个人对于颜色理解都不一样，浴缸也不是只有这两个颜色能够表现出来，如果画面有需要还可以加入环境里的其他颜色来进行搭配。

浴缸颜色细节图。

坐便器的颜色跟浴缸的颜色有一些类似，这里面还加入了少量的冷灰色CG2。

Step 04 天花板的颜色深色部分用了WG5进行颜色的叠加。浅色部分固有色为白色，由于暖色灯光影响，浅色部分用26号马克笔表现环境色的部分。

镜子细节处理方式表现图。

墙面细节图，注意墙体墙砖拼接处的处理方式，用深灰色系的WG5勾线，高光笔提亮，这样才能把瓷砖的质感表现出来。

7.2 办公空间的上色表现

下面我们将通过几个案例，来学习办公空间的配色表现方式。这几个空间也是办公室空间里比较有代表性的，通过学习希望学员们能掌握办公空间色彩表现的方法及规律，能够举一反三。

7.2.1 办公空间的上色表现

Step 01 准备好办公空间单色线稿图。根据单色线稿图的明暗关系规划出空间的整体色调，确定办公空间所用到的马克笔颜色。本空间所用到的马克笔颜色有26、32、34、97、92、101、WG1、WG2、WG3、WG5、WG7、WG9、CG1、CG2、GG3、CG3、BG5、BG7、62、120。准备好颜色下面就可以开始对空间着色了。

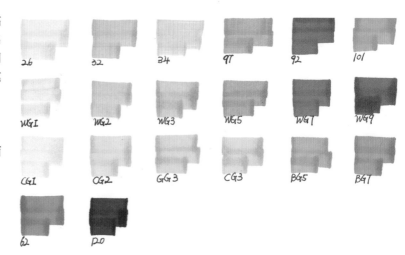

Step 02 第一遍颜色为空间的底色。办公桌、柱子和画面右边木饰面墙体可用36号马克笔作为底色，地面用CG1，顶面可用WG1、WG5去塑造吊顶的明暗造型感。

Step 03 空间颜色的深入。空间加深部分可用97号马克笔和102号马克笔分别塑造墙体及家具造型。玻璃的颜色及外部环境颜色用BG3和BG5概括形体关系。

Step 04 完善空间整体色彩。用颜色去塑造空间家具和空间造型的层次关系。

柱子颜色依次为36、34、97、102、92。在上色时注意颜色笔触叠加关系，注意明暗关系的处理。

地面颜色处理细节图。

顶面细节表现图。彩色铅笔表现灯光的颜色，浅褐色和黄色相互融合可表现白色墙面及吊顶的环境色。

7.2.2　会议室的上色表现

Step 01 准备好会议室单色线稿空间图，在开始上色之前根据画面透视及明暗关系，确定出整体空间的色调。会议室的配色
注意整体画面色调饱和度尽可能不要太高，可以是比较温馨的，也可以是比较商务一点的颜色，以冷色调为主，营造出一种比较安静的气氛。这个案例我们用到的马克笔颜色有WG1、WG3、WG5、WG7、CG1、CG2、CG3、CG5、CG9、BG1、BG3、BG5、BG7、BG9、97、101、92、103、48、47、43、50、140。准备好颜色，接下来就可以去着色了。

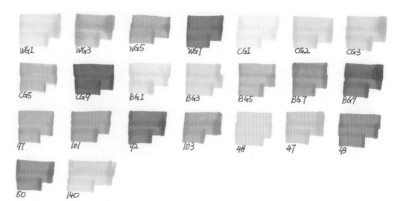

Step 02 地板和墙面木饰面造型用97号马克笔上第一遍颜色，墙面灰色软包和吸音板用WG2，吊顶用CG1作为底色，主要家具椅子颜色为BG1，一开始把大的色彩关系规划好，为后面深入刻画做好铺垫。

Step 03 地板和墙面木饰面造型用101号马克笔进行叠加，第二遍上色时注意不要把第一遍颜色完全覆盖住，要有所保留。天花板用CG2和CG3依据明暗关系分别去加深颜色。

天花板用CG2和CG3依据空间明暗关系加深颜色，还可适当加入深灰色色系的BG1，作为颜色调节。

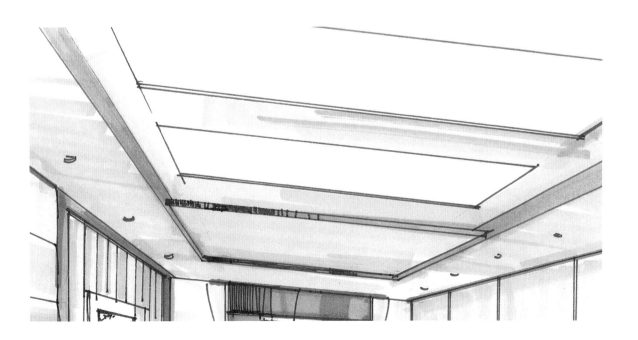

Step 04 左边软包墙面和右面窗帘颜色为同样的颜色，在画面中形成呼应关系，最后用32号马克笔作为固有色，用101号马克笔加深暗部。右面浅灰色吸音板用140马克笔号表现其颜色。

地板用92号马克笔表现暗部并做出地板质感，用103号马克笔作为地板底色和92号深色之间的调节，让地板颜色层次更丰富。

Step 05 用彩色铅笔和高光笔收尾。绿植颜色从浅到深依次为48、47、43和50，画面越往里，颜色饱和度可以适当降低。

墙面、天花板细节展示图。颜色越深，越要注意笔触的运用，深颜色不能铺得过满，物体亮部可以适当留白。

7.2.3　前台接待处的上色表现

Step 01 前台单色线稿，用适当的线条调子表现出天花及地面质感。整个前台接待处色调以灰色调为主，有暖灰色、冷灰色还有窗户金属框的深灰色组成整个画面颜色。本例主要用到的马克笔颜色有WG1、WG3、WG5、WG7、WG9、CG1、CG2、CG3、CG5、CG9、BG1、BG3、BG5、BG7、36、26、76、101、120、34。

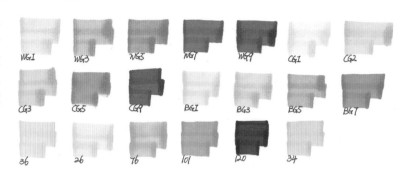

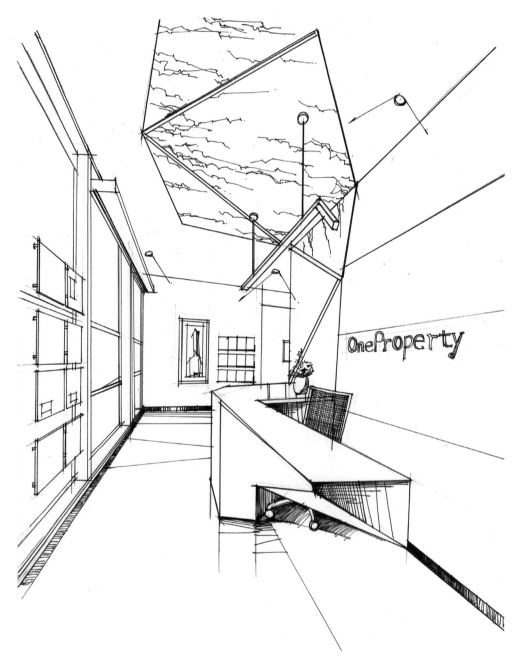

Step 02 给空间整体地上色，空间底色一般都是以浅色为主。墙面主要用到暖灰色系的WG1和WG2，窗户金属框底色为BG3和BG5，接待台及连着这个墙面的造型可用CG1作为底色，因为本身接待台及墙面造型固有色为白色，颜色较浅。

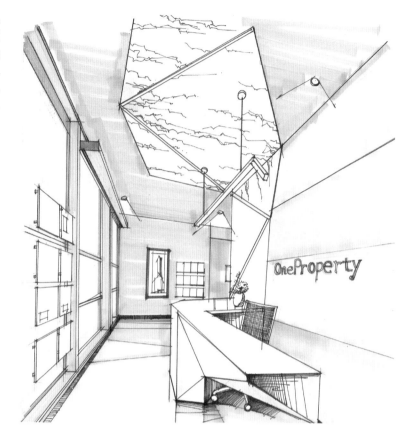

Step 03 进一步加深空间颜色。在整个空间加深的过程中，马克笔颜色笔触是我们需要掌握的重点与难点。

窗户框的深灰色不能用一样深浅的颜色平涂，而是要分清明暗关系，这样才能把窗户的立体感表现出来。

Step 04 用马克笔颜色去塑造空间里的家具及造型关系。

顶面造型用到的马克笔颜色比较多，因为高级灰的颜色是需要马克笔色彩的叠加才能表现出层次关系的。这里用到的颜色有36、CG1、CG2和CG3，造型花纹的线条用CG5来勾线。

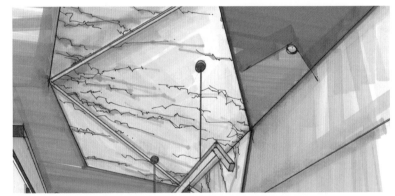

前台接待台细节图。主要用到的马克笔颜色有CG1、CG2、CG3和BG3表现接待台亮部，用185号马克笔也可适当表现一些，作为环境色。暗部的颜色可用重一些的深灰色和暖灰色去表现。

Step 05 完成最终效果图。

玻璃墙面细节展示图。

前台接待处细节展示图。前台接待背景墙最后用深褐色色彩色
铅笔上色，做出墙面色彩质感。

7.3 餐饮空间的上色表现

餐饮空间的手绘表现也是手绘学习中必不可少的一部分，通过不同种类的空间练习及色彩表现，可提高我们空间上色的综合能力。

7.3.1 餐厅空间的上色表现一

Step 01 准备好餐厅公共空间单色线稿图。餐厅造型具有中式风格元素，所以整个空间颜色以棕色、暖灰色为主。本例主要用的马克笔颜色有97、102、92、WG1、WG3、WG5、WG7、26、131、36、101、182、BG1、BG3、48、47、43、50。准备好颜色就可以开始进行上色表现了。

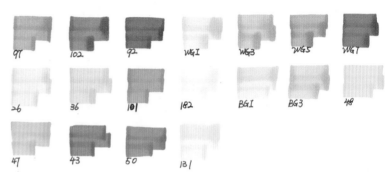

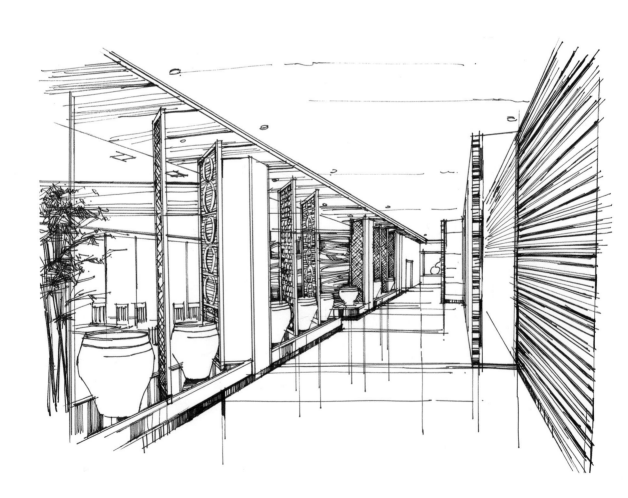

Step 02 用97号马克笔给中式屏风造型上色，中式罐子主题颜色为26和101。主墙体颜色可用WG1作为底色，用WG3勾画墙面暗部颜色。白色吊顶受灯光环境影响可用131作为底色，地面颜色第一遍用的是CG1作为底色。

Step 03 深入空间颜色表现。

地面颜色用CG1、BG3、WG3、WG5和WG7由浅入深进行颜色与笔触的叠加，竖向的笔触可以很好地表现出地砖反光质感。

中式屏风造型上色细节图。用97号马克笔上底色，用102号和92号马克笔依次去加深暗部及顶部靠里的部分，空间前半部分颜色浅，造型清晰。

Step 04 完善空间右面墙体颜色，用高光笔提亮地面，白色吊顶可再用28号马克笔加深，但总体颜色还是偏浅，能够体现一定的色彩关系即可。

从细节展示图可清晰地看出顶面和右面背景墙体颜色层次关系。右面背景墙体颜色用36号马克笔及WG3和WG5加深。

7.3.2　餐饮空间的上色表现二

Step 01 准备好餐厅的单色空间线稿图。根据线稿的明暗关系及造型风格规划好整体空间用到的马克笔颜色。本例整个餐厅为暖色调，马克笔颜色有26、32、36、97、101、103、102、BG1、BG3、BG5、BG9、CG1、CG2、CG3、CG9、WG3、WG5、WG7。准备好以上颜色就可以开始上色了。

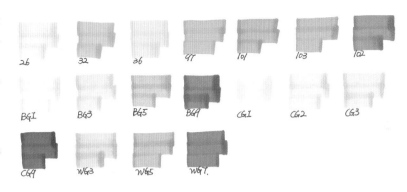

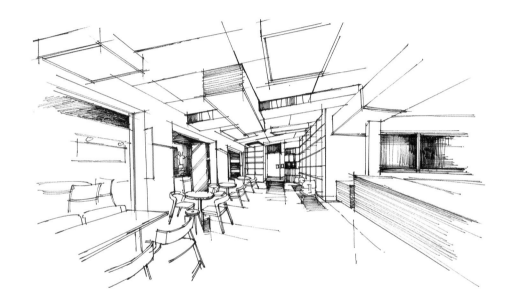

Step 02 第一遍颜色一般都比较浅。顶部灯箱、柜子和家具颜色都为同类色，用到的马克笔颜色有26和32。地面和白色墙面用暖灰色系的WG1作为底色。

Step 03 加深空间里造型、家具及墙体外部色彩，使空间造型感突出。

下面为顶部细节图，用到的马克笔颜色依次为26、32、97和101，表现出了暗部颜色。

Step 04 完善空间色彩及层次关系，体现整体空间色调。

地面除了用到WG1以外，还添加了WG3和36号马克笔的颜色。柜子颜色可用26号、32号和97号马克笔画，画的时候控制好这3种颜色的比例。

Step 05 完成最终效果图。

墙体外深灰色部分主要用到的马克笔颜色有BG3、BG5、WG7和WG9，表现出层次关系，家具主要颜色有26、32和97。

右图为柜子最终完成效果细节展示图。可用92号马克笔加深颜色。

7.4 综合商业空间的上色表现

通过之前大量的实际案例，我相信大家对于空间上色表现有了一定的掌握，明确了空间颜色的表现步骤，空间颜色搭配的规律。我们也发现在室内设计手绘表现中，灰色系颜色是色彩表现中最常用的，所以像马克笔WG（暖灰）、BG（深灰）、CG（冷灰）和CG（中性灰）都是我们室内设计手绘表现的常用色。通过不断地练习颜色表现，也要不断总结常用的颜色，再根据不同空间需求去寻求颜色的变化。接下来我们还是要通过综合性空间色彩练习，来尝试更多不同类型空间的色彩搭配与表现。

7.4.1 休闲空间的上色表现

Step 01 休闲空间单色线稿图。从这里开始规划整体空间色调，确定用到的马克笔颜色。休闲空间所用到的马克笔颜色有BG1、BG3、BG5、BG7、BG9、142、36、32、101、102、97、92、WG1、WG3、WG5、CG3、CG5、CG9、175、59、22。

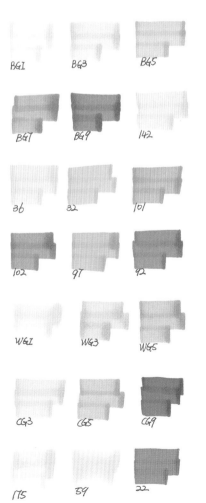

Step 02 第一遍的空间颜色表现。用36号马克笔为背景墙面和天花板上色，玻璃金属边框用BG3和BG5表现，用BG5表现暗部，BG1表现地毯，101号马克笔表现木地板，70号马克笔表现深蓝色的椅子。

Step 03 进一步表现空间色彩。这一步主要是用颜色区分开物体的明暗关系及造型。用32号马克笔为背景墙面和天花板加入黄色，金属玻璃、地毯和家具等用相应颜色继续加深。

Step 04 整体空间色调关系的呈现。注意马克笔笔触粗细及颜色深浅的把控。

墙面灰色调的渐变细节图。分别用的马克笔颜色为冷灰色系的CG1、CG2、CG3和CG5和暖灰色系的WG1、WG2和WG3。

天花板和玻璃护栏细节图。颜色由浅入深为36、32、97和102，102为深棕色，注意把握好用色的量。

Step 05 完成最终效果图。用彩铅弥补
一些马克笔过渡不足的地方，让整个
空间更具真实感。

用深蓝色彩色铅笔做出地面地毯的
层次关系。吧台椅的马克笔颜色为
101、102和WG7。要特别注意空
间里有些地方颜色很重，但在用色
的过程中不要直接用102号马克笔去
做，那样做出来的颜色会影响画面的
效果，我们可以用深灰或者冷灰先浅
后深地去把黑色的效果表现出来。

7.4.2 餐饮包房的上色表现

Step 01 餐饮包房单色针管笔线稿图。本空间所用到的马克笔颜色为WG1、WG3、WG5、WG7、WG9、97、92、26、28、34、140、BG3、BG5、BG7、BG9、CG1、CG2、CG3、48、101、76、9。颜色准备好后，就可以开始给空间上色了。

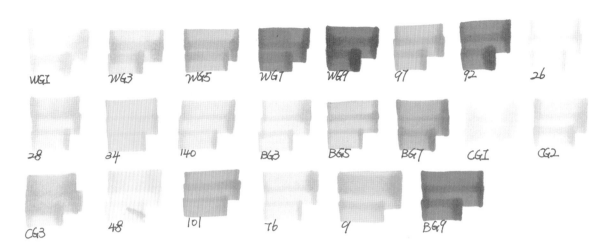

Step 02 本空间大部分颜色都以暖灰色系为主，所以在一开始WG3和WG5可作为主要颜色。用76号和9号马克笔以及BG3可表现出窗外的风景与天空的色彩。用26号、28号和140号马克笔表现椅子的淡黄色部分。

Step 03 空间颜色的深入。进一步用颜色去表现空间环境及家具造型关系。

Step 04 用马克笔完善空间造型及家具。

墙体造型颜色层次细节图。石材颜色依次为26、WG3、WG5、BG3、BG5、WG7和BG7。注意马克笔笔触叠加效果。

Step 05 完成最终效果图。在上一步基础上我们增加了整个画面颜色的层次，让空间颜色丰富又不失整体感。最后用到的马克笔颜色一般都为颜色较重的色系；地面椅子阴影部分我们使用WG7和CG7进行颜色叠加，右边墙面用淡黄色、褐色和浅棕色彩色铅笔表现其光影关系和墙体颜色层次。

窗外景色颜色细节表现图。所用到的马克笔颜色为BG1、76、9、28、CG3、CG5和CG7。

主体家具细节表现图。

7.4.3 酒店大堂的上色表现

Step 01 酒店大堂单色线稿。先分析整体空间明暗关系及色调。本空间所用到的马克笔颜色为36、34、102、97、92、CG1、CG2、CG3、CG5、CG7、CG9、BG3、BG5、BG7、BG9、48、42、43、50、9、15、WG1、WG3、WG5、WG7、70。

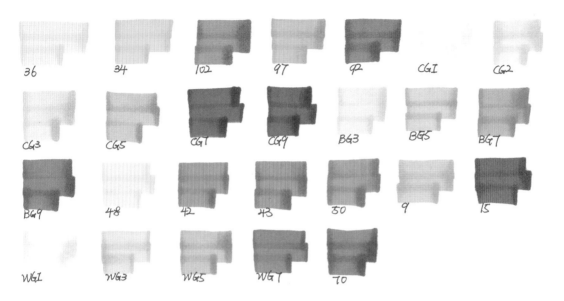

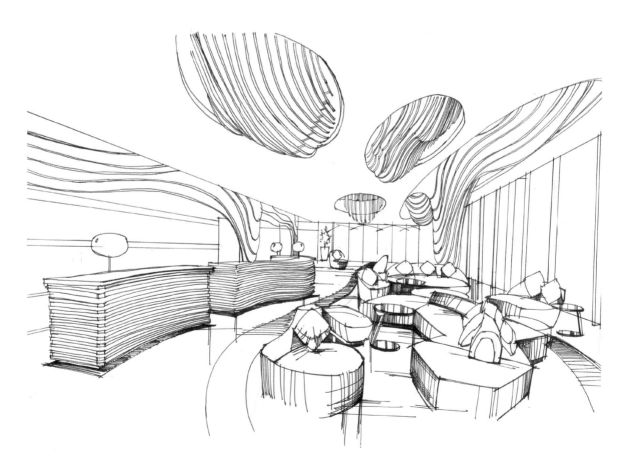

Step 02 从整个大堂第一遍颜色可以看出来木质造型结构，前台、地面所用到的马克笔颜色为36。前台后面背景深一点的棕色为97。顶面用马克笔WG1作为底色，家具的颜色也主要以灰色为主，有一两个点缀的颜色即可。

Step 03 空间色彩的进一步深入。木质结构造型和前台颜色都加入马克笔97的颜色。家具继续用灰色调加深颜色，用到的颜色为CG1和CG3。

Step 04 空间造型及色调的明确。

用97号和92号马克笔加深颜色时要表现出接待台流线造型的明暗关系及造型感。

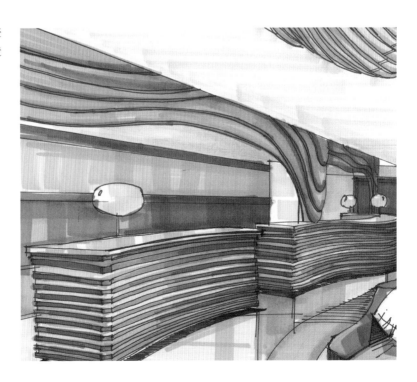

Step 05 深入刻画家具局部造型及细节。

家具组用到的马克笔颜色为冷灰色系的CG1、CG2、CG3、CG5和GG7，红色系的9和15，绿色系的48和42，深蓝色的70。

Step 06 完成最终效果图。注意地面反光色彩层次的把控。

天花板顶面和地面细节图。用到的马克笔颜色依次为WG1、CG2和26。最后用淡黄色彩色铅笔表现出灯光环境色。

7.5 空间上色表现的常见错误案例分析

由于在我们学习空间上色表现过程中，经验不足的学员都会出现一些疑难问题与错误，导致用马克笔表现出来的颜色影响整体画面效果。所以本节将会通过一些案例来解析马克笔上色过程出现的一些问题和错误，通过一些实际案例错误分析，让学习者明白如何去应对与解决这些问题。

1.颜色层次关系表现不足，过于简单。由于一开始针管笔线稿的形体关系表现不够准确，所以在上色过程中也会出现一些问题。该学员对于上色步骤理解不够充分，所以下图马克笔表现出的物体和空间造型颜色都过于单一，画面效果不完整。

2.空间重点不够突出，没有色彩关系对比。这也是初学者在上色表现过程中容易出现的问题，画面看上去太过于平淡，所有物体颜色都几乎相似，该突出的家具没有深入刻画，才出现了这样的画面效果。

3.马克笔笔触表现凌乱。该空间的造型表现较上面两个案例要好一些，马克笔颜色的运用也有一些对比及层次关系，但是笔触运用得过于随意，所以也会使画面显得凌乱而没有规范。对于马克笔的笔触，在运用得过程中要粗细结合，不要都是较细、碎的一些线条笔触，这样的色彩表现就会使空间看上去松散，没有空间凝聚力。

希望通过以上问题案例的分析与解说，帮助学员更好地掌握马克笔空间颜色表现的技巧，从而进一步提高手绘表现能力。

第 8 章
室内设计快题表现

本章重点

本章通过快题设计的实际案例展示，为学习者提供一些快题方面的参考。明确平立面的作图规范，结合效果图做出完美的排版方案，这是一项手绘与设计的综合练习。每年各个大学室内设计、环境艺术设计等艺术类专业入学考试，都会通过各种不同方式的快题设计，来对考生手绘表现综合能力进行考验。在本章我们也会通过一些实际案例的分析，来说明快题设计的注意事项和要求。

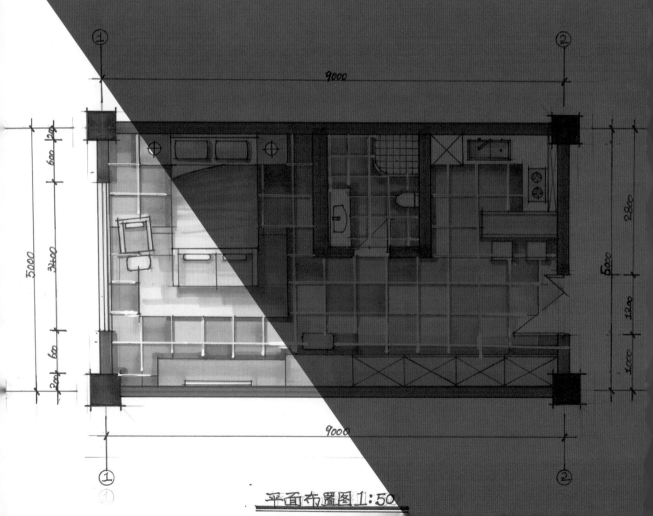

平面布置图 1:50

8.1 快题设计概述

快题的形式和内容分很多种,通过一些实际的快题案例,学习绘制快题设计的技法与过程,可完善设计知识,提高手绘设计的综合运用能力。

8.1.1 什么是快题设计

快题设计又称快速设计、快图设计。简单地说,就是在一定的时间范围内(一般为3~6个小时)完成设计方案构思、表现过程及成果,名为快题设计,是室内设计过程中方案设计的一种表现形式。

8.1.2 快题设计主要的表现内容

学习表现快题设计最重要的一点就是作图的规范性和设计概念的整体性。接下来讲解的内容不仅是快题设计表现、作图的规范也是需要掌握的重点。

1. 制图规范

制图规范:主要包括尺寸标注、文字与比例、图标和线型。

a. 尺寸标注

b. 文字与比例

c. 图标

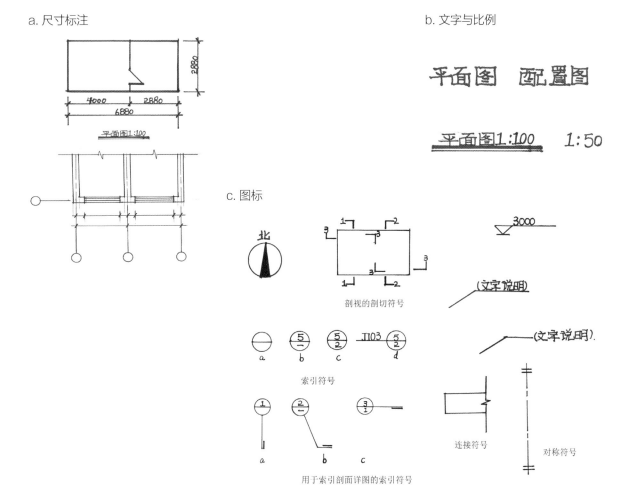

d. 线型

线宽比	线宽	线宽组					
b	粗	2.0	1.4	1.0	0.7	0.5	0.35
0.5b	中	1.0	0.7	0.5	0.35	0.25	0.18
0.25b	细	0.5	0.35	0.25	0.18		

线型名称、型式及应用				
图线名称	图线型式	一般应用		代号
粗实线	————————	1. 可见轮廓线；2. 可见过渡线		A
细实线	————————	1. 尺寸线与尺寸界线；2. 剖面线；3. 重合剖面轮廓线；4. 螺纹的牙底线及齿轮的齿根线；5. 引出线；6. 分界线及范围线；7. 弯折线；8. 辅助线；9. 不连续的同一表面的连线；10. 成规律分布的相同结构要素的连线		B
波浪线	～～～～	1. 断裂处的边界线；2. 视图与剖视的分界线		C
双折线	—√—	1. 断裂处的边界线		D
虚线	– – – – – –	1. 不可见轮廓线；2. 不可见过渡线		F
细点划线	— · — · — · —	1. 轴线；2. 对称中心线；3. 轨迹线；4. 节圆及节线		G
粗点划线	—— · —— · ——	1. 有特殊要求的线或表面的表示线		J
双点划线	— ·· — ·· —	1. 相邻辅助零件的轮廓线；2. 极限位置的轮廓线；3. 坯料的轮廓线或毛坯图中制成品的轮廓线；4. 假想投影轮廓线；5. 试验或工艺用结构（成品上不存在）的轮廓线；6. 中断线		K
设计				
校核		比例		线型名称、型式及应用
审核			共 张第 张	

2. 平面图

平面图在其表现过程中注意作图的规范性，表现步骤如下。

Step 01 比例的确定。根据要求常用比例有1∶50或者1∶100的比例，这样的比例计算起来比较容易。

Step 02 轴线。在开始画平面图时一定要先画轴线，确定出平面图规定大小。

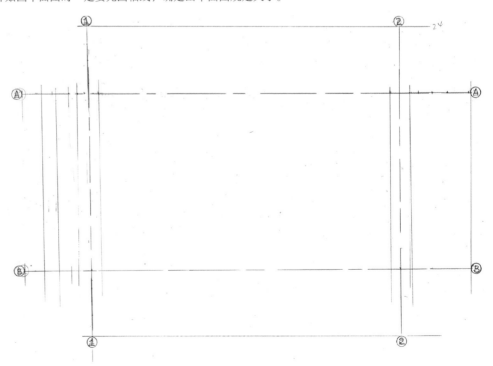

Step 03 根据轴线表现出墙体。

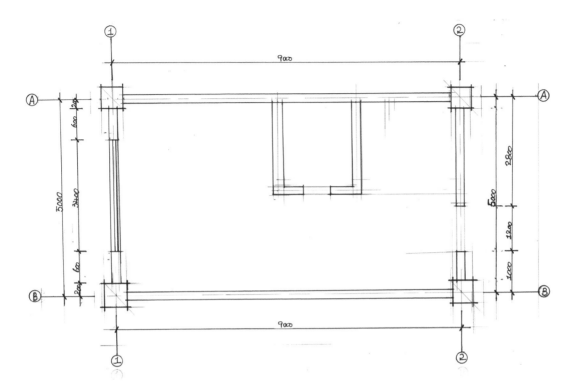

Step 04 功能分区，添加家具。

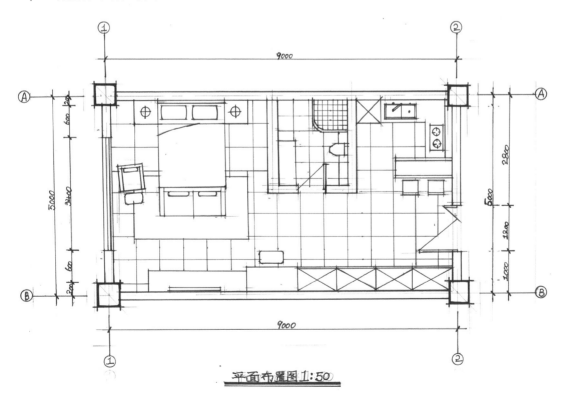

平面布置图 1:50

Step 05 给平面图上墨线，注意在用针管笔上墨线时，要区分线条的粗细。柱子的线条最粗（针管笔0.8），其次是墙体（针管笔0.5或者0.3），家具用最细的线条（0.1）。标注的线条不易过粗，可同家具线条同一型号。这些也是作图的规范，也是评判作图规范好坏的标准。

Step 06 平面图颜色表现。平面图的颜色其实相对于家具上色表现来说比较简单。一般柱子为深灰色（如马克笔CG9、BG9、WG9都可以）、墙体的颜色比柱子略浅一些。家具颜色可适当表现，不宜过深，用浅灰色表现家具阴影。地面颜色也一样，一般局部刻画表现一下即可，颜色不要画得过多、过满，这样的画面没有透气感。

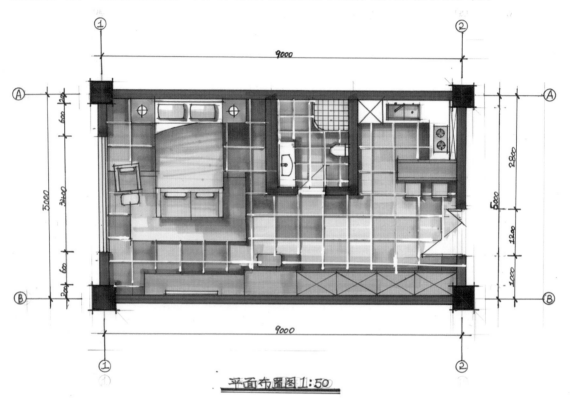

平面布置图1:50

3. 剖立面图

剖立面图的表现步骤跟平面图的步骤差不多，但是要注意的是剖立面图主要体现被剖墙体的结构细节。如被剖开墙体与窗户的结构，吊顶结构细节等都需要把这些剖开的断面结构表现在画面当中。

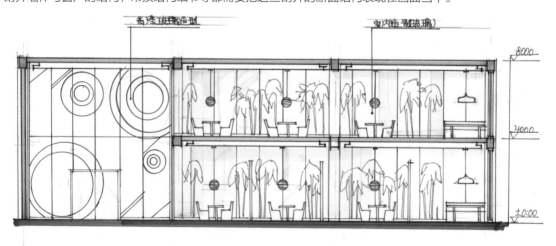

1-1剖立面图1:100

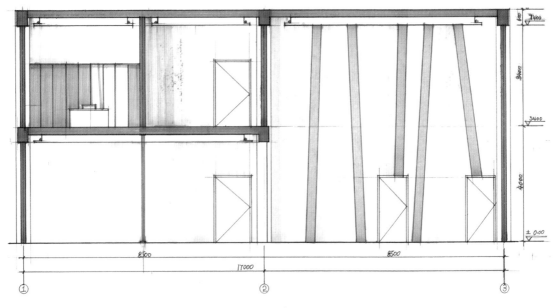

剖立面图 1:50

4. 立面图

墙体的立面图主要是体现墙体的装饰造型和家具装饰效果。

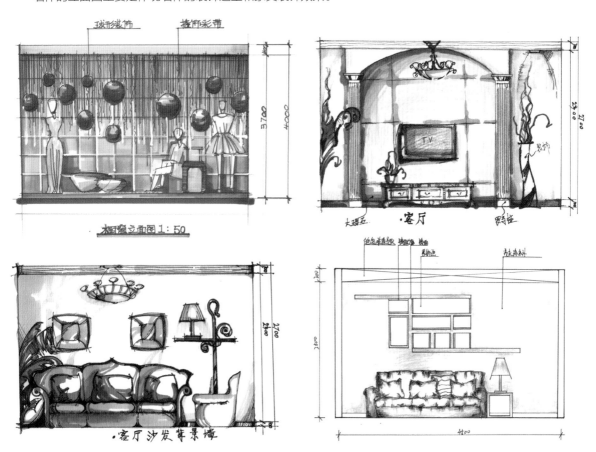

5. 天花图

天花图主要表现天花吊顶的灯位布局，最后用灯饰的符号配合文字加以说明。

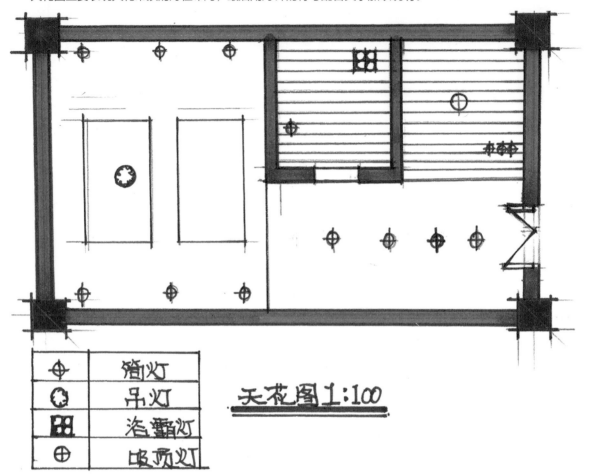

⊕	筒灯
❂	吊灯
圝	浴霸灯
⊕	吸顶灯

天花图 1:100

6. 人流动线图

人流动线一般可以相对简单地表现，画出整体平面功能分区与布局，然后用实线或者虚线作为引导即可。

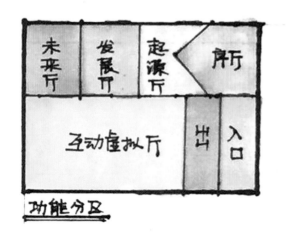

功能分区

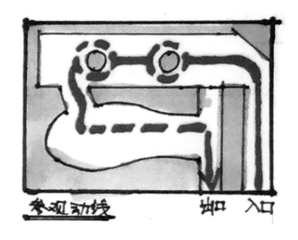

参观动线

7. 空间效果图

空间效果图在快题设计中也是重要内容，它让观者更直观地感受到设计的成果。

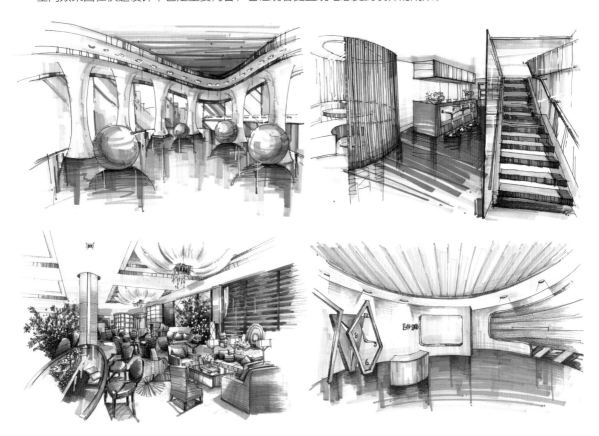

8. 文字

可根据设计的主题来选择题目字体的表现形式，要符合整体画面要求。设计说明的文字一般可用宋体字表现，或者根据整体画面效果设计字体，但字迹要求清晰、工整。要注意的是文字一定不能写得太随意，不然会给整体画面效果减分。

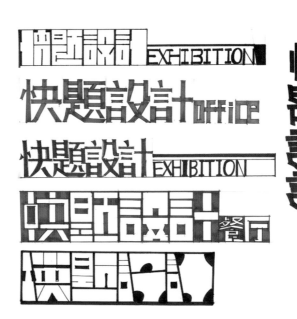

注意 在表现快题设计时一定要根据题目要求表现，一张图纸上不要排得过满，但又不能没有内容，所以根据题目要求准确地表现其快题设计的内容才能达到理想效果。

8.2 室内空间快题设计

下面通过分析一些实际考试案例，从案例中进一步学习室内设计快题表现的方法与技巧，并吸取一些表现经验，转化为自己的设计表现手法。

8.2.1 酒店式公寓快题设计案例

题目： 酒店式公寓。

设计要求： 本酒店为酒店式公寓，本空间为标准间设计，总面积45平方米。酒店特色是让客人入住后能体会到回家的感觉。还有一些长期出差办公人员，入住时间比较长，所以要求有独立的厨房提供给客人使用。风格自定，简洁而不失格调。功能设计合理，色调统一。

时间： 3小时。设计要求展示出平面布局图、剖立面图、立面图、天花图和效果图。

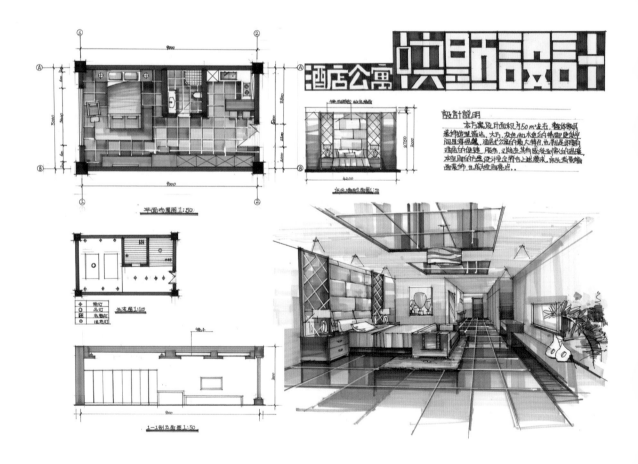

案例展示

床头主立面图： 采用了镜框和软包结合的装饰效果，镜面的造型不仅给整体空间增添了特色与亮点，还有意识地扩宽了空间视觉效果。

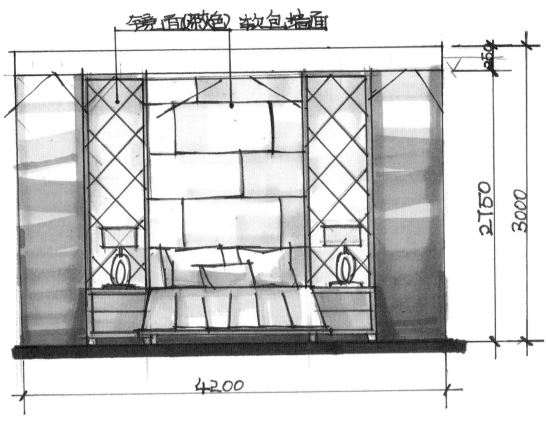

镜面(做色)软包墙面

床头墙面立面图1:50

案例解析

优点:

❶ 本方案设计较为完整,符合题目要求,区域划分合理,同时也满足了客人入住的一些功能需求。整体的衣柜,内嵌鞋柜,这种隐藏式设计既满足了视觉效果也节省了空间。开放式的厨房和吧台式餐厅结合,方便、实用而不失格调。

❷ 在风格上做到了统一,整个空间色调给人以温馨的感觉。家具整体以实木色为主,和灰色地面形成空间呼应关系。

❸ 整张图纸构图稳定,版式设计按照合理的要求进行划分,透视图效果做得比较好,增强了视觉冲击力,整体色调柔和均匀。

❹ 采用"上下呼应"的设计手法,将天花镜面的造型、主体背景墙和地面形成空间虚拟关系,创造出空间的围合感,增强了空间的识别度。

❺ 绘画效果完整。特别是效果图空间透视准确,颜色运用得体,明暗关系及色彩变化合理,技法娴熟。

不足:

❶ 制图标注上面要注意,图标不够全面,卫浴空间尺寸没有标注,平面图上的剖切符号没有体现出来,天花图的高度和造型尺寸没有标注。

❷ 电视背景墙细节设计上有待完善,整面墙体感觉有点空,内容不够饱满。

8.2.2 服装专卖店快题设计案例

题目： 酒专卖店设计，面积为18米×18米的一个空间。

设计要求： 本服装店经营国内服饰的高端品牌，包括男女服装、箱包和饰品等。服饰系列以时尚、简洁、款式新颖而得到消费者的青睐。店面装修要求具有现代感，流线型空间造型，展示出前卫、时尚、高端的装饰风格。整体风格、色彩自定。

时间： 3小时。画面要求展示出主立面图、平面布局图和整体效果图。

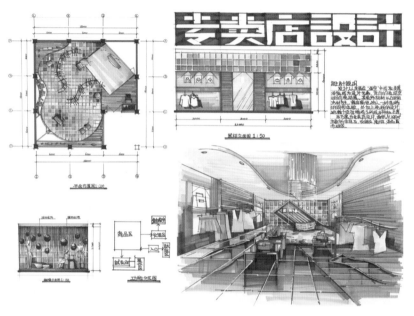

案例展示

橱窗立面图展示： 橱窗整体背景墙用暖灰色大理石来表现，彩色挂饰为丝绸质感，红色球状饰物给橱窗立面增添了新的颜色及亮点。

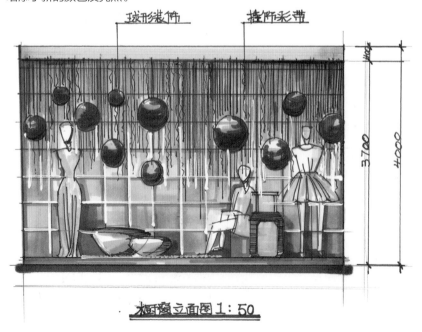

| 效果图展示 |

案例解析

优点：

❶ 装饰效果强。根据效果图可看出，整体的装饰效果做得比较饱满，墙面和地面展示区域安排合理，结合木饰面装饰造型，体现出比较好的装饰效果。

❷ 区域划分设计较为合理，在整个专卖店设计里，有客人休息区、等候区、商品主要展示区与更衣区等功能，收银台的位置也比较突出，与后面背景Logo造型构成空间的中心。

❸ 橱窗展示部分设计是整个专卖店的亮点，主次、整个空间的层次关系控制得比较好。

❹ 流线型的设计有新颖的感觉，这种"线型"设计又把空间天花、墙面、地面无形中串联起来，形成一个整体。

❺ 画面排版设计符合题目与设计要求，有一定整体控制能力。

❻ 制图中平面图的标注做得较好，完整、规范。

不足：

❶ 在制图的规范细节上面还可以加强，如立面图标高的部分，可增加一些剖立面图的结构展示，增强整个设计的制图感。展柜立面图没有相对应的材质说明标注。

❷ 设计说明不够完整。可在设计说明里面增加对于空间功能的说明。

8.2.3 办公空间快题设计案例

题目： 办公空间设计。

设计要求： 本空间长和宽都为17米，层高6米。在此空间里设计一个办公空间，需要有公司接待区域、会议室、整体办公区域、休息区域及资料和档案管理室。风格要求以现代风格为主。整体色调自定，作图规范、严谨。

时间： 3小时。画面要求展示出平面布置图、立面图和最终整体效果图。

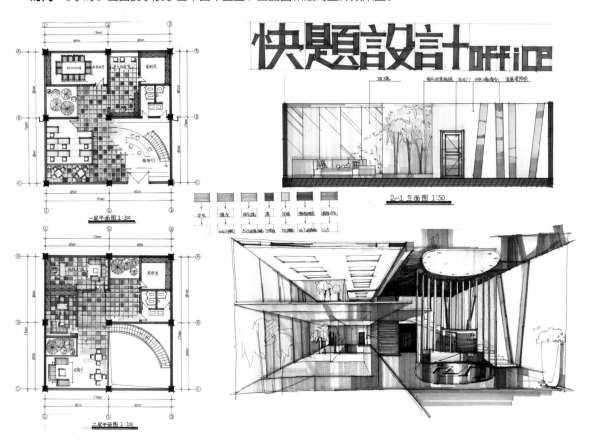

案例展示

　　一层平面布置图展示： 一层主要是员工办公区域，包括接待区、办公区、会议室、茶水间和资料室。

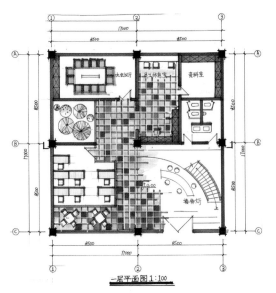

二层平面布置图展示： 二层主要为公司管理层办公区域，有财务室、经理办公室和会客厅。

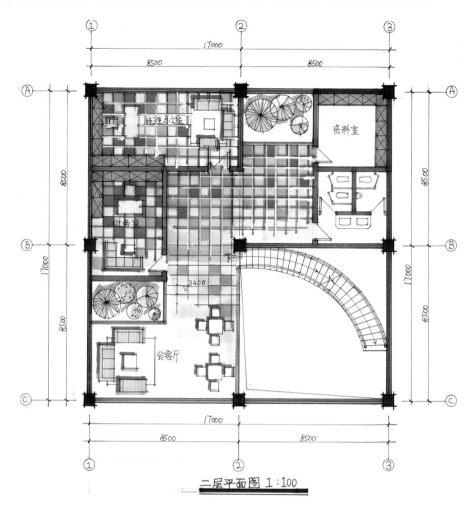

二层平面图 1:100

案例解析

优点：

❶ 功能关系较好。分为上下两层，一层主要为员工办公区域，还有接待区，所以一层为"动态"区域。二层因为主要是管理层人员办公的地方，相对于一层来说人员来往比较少，所以为"静态"区域。

❷ 版式完整。整个板式设计比较合理，平面图、立面图和效果图颜色搭在一起很协调。

❸ 设计风格简洁、明快，没有多余的装饰，弧形楼梯与前台的结合，展现出空间现代风格。

❹ 整体空间色调安排合理，比较低调，适合办公空间使用。

❺ 效果图表现技法娴熟，马克笔颜色使整个空间色彩协调、统一。

不足：

❶ 设计内容不够完整。只有二层立面图，一层没有立面图的展现，会觉得整个设计内容不够完整。也可适当增加功能分区图、天花图和人流动线图，对于这样的大空间设计，版面的制图感要增强。

❷ 制图规范问题。二层立面图标注不够严谨，没有尺寸标注。

❸ 空间功能分区，布局上细节还需推敲，让每个区域里面，陈设与空间结合得更加合理，如公共办公区域里面的座椅摆放，感觉不够严谨。

8.2.4　餐饮空间快题设计案例

题目：餐厅设计。

设计要求：以绿色为主题，设计一个餐厅。餐厅面积为384平方米，分上下两层，每层高4米。该餐厅位于比较繁华的城市商业区，能够提供自助、中餐、西餐和休闲等多种菜式。风格简洁、低调，在繁华的闹市中心，有这样一块绿色景致的餐厅，让人们在繁忙、快节奏的生活环境里感受到一丝清新。

时间：4小时。画面要有平面布局图（比例为1:100）、餐厅剖立面图和整体空间效果图。设计合理、有创意，画面完整。

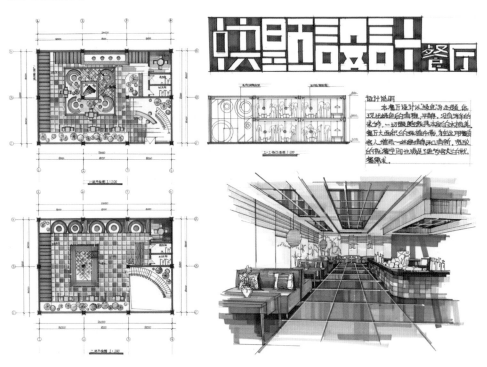

案例展示

餐厅剖立面展示图：雅座和绿植布景相结合，凸显以绿色为主题的空间环境，整体落地式的窗户也增强了空间的通透感，室内外相结合达到相互交融的效果。

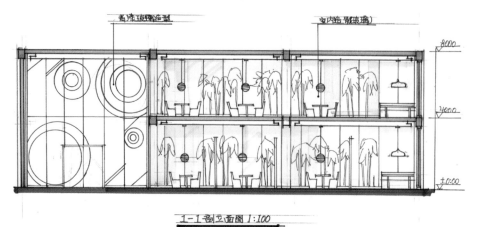

案例解析

优点：

❶ 构图稳定。整个版式设计比较完整，画面协调。

❷ 设计是以"绿色"为主题的餐厅，本空间简洁的陈设装饰与整面绿植作为背景，体现了"绿色"这个主题。

❸ 按照餐厅要求进行平面布局。一层设计了门厅（含前台、等候和收银等功能）、营业区（含雅座、散座和包间等区域）、辅助用房（操作台和卫生间等功能）。二层主要为自助模式餐厅，用餐环境比较自由。功能分布较为合理。

❹ 画面设计制图感强。两层平面图的标注完整，作图规范，剖立面图标完整，结构相对清晰。

❺ 效果图的表现技法娴熟，马克笔的色彩转变与搭配运用得合理，层次丰富。

不足：

❶ 标注细节。平面图上没有标注剖切符号，二层平面图上没有标注标高。

❷ 设计说明描述得太笼统，应该有整体又有局部的设计说明，再结合一些功能分区图及人流动线图加以分析。

❸ 空间布局上对于空间的利用可再完整一些，由于餐厅面积比较大，可以适当增加明档区。

8.2.5 售楼处空间快题设计案例

题目： 售楼处空间设计。

设计要求： 按照给的平面图，设计一个售楼处展厅，要求同时具备售楼处的多项办公功能，满足休闲、洽谈、展示、办公和会议等综合型的售楼中心。长和宽为24米×24米，空间高6米，风格自定。

时间： 4小时。要求有平面布局图（比例为1:100）、立面图、功能分布图及人流动线图分析、完整的设计说明。

案例展示

一层平面图 1:100　　二层平面图 1:100

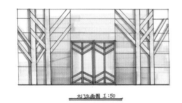

大门立面图 1:50

案例解析

优点:

❶ 以"树"的形象为主题的设计比较新颖，整个方案落地式的玻璃窗都有"树"的分解形象，贯穿整个设计。

❷ 本方案要求在两张纸上完成方案设计，整体效果比较完整，版式设计相对协调、饱满。

❸ 功能分区合理。一层包含接待区、展厅（其展厅分主要展厅和小展厅，这样的设计比较合理，主次分明），吧台区、洽谈区、放映室、会议室（可以提供给员工举办小型会议）。二层为样板间区，二楼有中心环岛设计，结合样板间展示本楼盘特点，这样的空间划分比较饱满、合理。

❹ 吧台区和宽敞的洽谈区的设计为这里的客人提供了方便、舒适的环境。

❺ 采用"图文并茂"结合设计说明将本方案设计进行了阐述，丰富了本方案设计内容。

❻ 制图比较规范。平面布置图标注规范，尺寸相对规范完整。

不足:

❶ 立面图不够全面。还可以多增加立面图的表现，让方案具体化。

❷ 二层的空间划分在细节上有待推敲，有空间没有得到很好地利用与规划。

❸ 效果图的表现，透视与内容上的选择有点局限性，如果视角能大一点，这样内容和透视效果就会更丰富一些。

8.2.6　展厅空间快题设计案例

题目：展厅空间设计。

设计要求：要求总平面图比例为1:200，一个五百多平方米的空间，设计一个展厅。展厅展出的是跟生命科学有关联的一些展品，让人们在看展的过程中感受到生命的形成、发展与生命带给人的震撼性。

时间：4小时。要求画面有总平面图、立面图、效果图和效果分析草图、功能布局图和人流动线图。

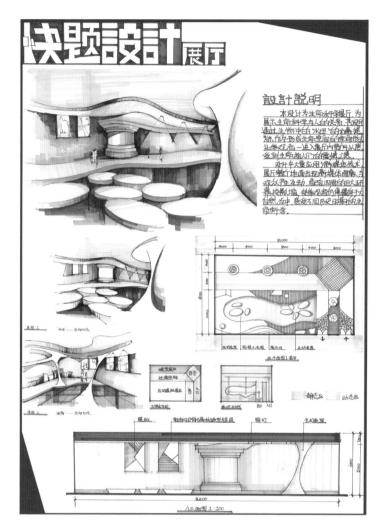

案例解析

优点：

❶ 本方案是一个关于"生命科学"的展厅。从效果图颜色与造型能看出设计的主体来，给人以丰富的想象空间。

❷ 整个展厅设计以"水母"为生态的形态，设计选题新颖，为观众展现"生命"给人的震撼力。部分展厅天花、顶面、地面之间还采用了"鱼骨"的形态作为设计元素，增加了空间的神秘感。

❸ 本空间运用了新媒体技术，展厅地面也会出现整个新媒体图像，与观众产生互动，配合四周的巨大环幕墙，能够使观众仿佛置身于大自然中。

❹ 在设计上采用了"L"形的方式，空间布局呈流线型，人流动线清晰、明确。

❺ 构图稳定，设计图幅完整，符合题目设计要求。

❻ 整体画面色调统一，整体的灰色调和蓝色调很好地诠释了科技空间所带来的视觉效果。

不足：

❶ 制图规范方面还需完善。平面图没有指北针，局部造型地方没有标高，立面图尺寸标注不够详细。

❷ 效果图的弧形透视细节处理得不是很准确。

8.3 优秀学员作品展示

　　最后给大家展示一些本人在手绘教学工作中教过的学员的手绘作品，他们在表现这些手绘作品时大部分都是临摹。根据多年的教学经验及绘画经验，一开始学习室内手绘表现时，最好的方式就是大量地临摹好的室内手绘作品或是效果图作品。通过大量的案例临摹练习，吸取好的绘画方法和技巧，这样反复不断练习，会使我们在短时间内手绘能力得到显著的提高。

1. 会所手绘临摹作品

室内设计第47期学员

指导老师： 曾添

姓名： 许月欣

作业点评

　　优点：

　　❶ 本张作品透视关系明确，家具及陈设形体关系表现准确。

　　❷ 整个空间对于颜色的把握表现得很好，明暗关系、虚实关系都表现得很到位。尤其是空间前半部分的家具、明暗的处理，马克笔的笔触运用都体现出了娴熟的技法。

　　❸ 质感表现相对明确。

　　不足：

　　局部马克笔颜色叠加次数过多，有一点晕笔的现象。

2. 会议室临摹手绘作品

室内设计第47期学员

指导老师：曾添

姓名：许月欣

作业点评

优点：

❶ 本张作品从针管笔的线稿可看出，空间透视效果做得很好，整个会议空间的形体透视关系准确。

❷ 色彩层次关系丰富，马克笔颜色表现自然，真实感强。

❸ 整个空间质感表现真实，体现了娴熟的马克笔表现技法。

❹ 整个空间画面细节刻画到位，家具、墙面、天花颜色表现得精致细腻。

不足：

地面椅子阴影部分可以弱化一点，影子不能太过于抢眼。

3. 休闲空间临摹手绘作品

室内设计第52期学员

指导老师： 曾添

姓名： 谢殊臣

效果图	
局部效果图	
局部效果图	局部效果图

作业点评

优点：

❶ 家具颜色表现饱满，马克笔颜色有层次体现。

❷ 运用了彩色铅笔，能够使颜色过渡得更加自然。

❸ 画面体现出了一定的真实效果。

不足：

❶ 空间前面的单体沙发，形体关系表现得不够准确。

❷ 由于整个画面家具比较多，空间纵深效果没有表现出来，空间、陈设和家具的层次感没有拉开。

4. 中式风格酒店空间临摹作品

室内设计第52期学员

指导老师： 曾添

姓名： 谢殊臣

效 果 图

| 家具参考图 | 家具参考图 |

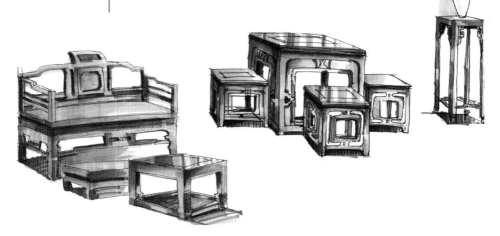

作业点评

优点：

❶ 整个画面颜色丰富、饱满。彩色铅笔与马克笔相结合，颜色过渡自然，每一个物体的色彩表现充分。

❷ 画面的真实效果强。

不足：

❶ 在对于空间透视、家具形体关系的准确度上还需进一步提高。

❷ 需要用颜色处理好整体空间前后的虚实关系及色彩的冷暖变化，这样表现出来的空间才会有主有次。

5. 餐饮空间手绘作品及综合手绘作业完成大板图

室内设计第36期学员

指导老师： 曾添

姓名： 郗桐

作业点评

优点：

❶ 这套作品都是同一个学员完成的，该学员手绘基础好，对于手绘技法表现有自己的想法。

❷ 以上作品从颜色来看，都体现了良好的美术功底，对于马克笔的运用有一定的掌控能力。

❸ 每一件作品形体关系明确，家具外形结构表现较好。

❹ 画面质感表现到位，体现了一定的真实效果。

6. 酒店空间手绘写生作品

室内设计第92期学员

指导老师： 曾添

姓名： 李凤飞

作业点评

优点：

❶ 画面视觉效果好，有细节也有整体。

❷ 空间透视表现得到位，形体关系、结构准确。

❸ 造型、家具结构明确清晰，体现了良好的手绘表现技巧。

❹ 颜色表现丰富饱满，空间造型的真实感表现得很完整。

不足：

前面地毯上的深色花纹可以弱化一点，这样不至于太过于抢眼。

7. 餐饮空间手绘临摹作品

室内设计第50期学员

指导老师： 曾添

姓名： 杜方舟

作业点评

优点：

❶ 颜色饱满，过渡自然。

❷ 画面内容丰富，结合空间造型，颜色体现了空间的真实性。

❸ 结构清晰明确，有整体意识。

不足：

空间画面靠里的地方显得没有内容，有点空，这是因为前后关系没有处理好。

8. 欧式风格空间手绘临摹作品

室内设计第50期学员

指导老师： 曾添

姓名： 杜方舟

作业点评

优点：

❶ 欧式风格的卧室家具组合形体关系准确。

❷ 针管笔表现质感完整，线条干净、质感明确。

❸ 整个颜色关系协调，马克笔颜色过渡自然。

❹ 马克笔和彩色铅笔结合，增强了空间的真实感。

不足：

要注意家具形体的把握和表现，前面的床头柜曲线透视关系不够准确。

9. 中式风格酒店空间手绘临摹作品

室内设计第50期学员

指导老师： 曾添

姓名： 李瀚文

效果图
家具参考

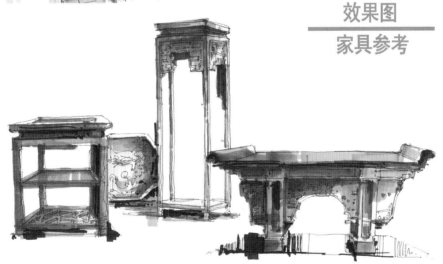

作业点评

优点：

❶ 中式风格空间表现完整，结构关系、透视关系准确。

❷ 针管笔表现的形体到位。

❸ 空间颜色均匀，物体的真实感强。

不足：

❶ 可以适当注意空间前后的虚实深浅变化。

❷ 中式单体家具的花纹图形表现可以再具体一些，增强中式家具真实效果。

10. 公共空间手绘临摹作品

室内设计第92期学员

指导老师： 曾添

姓名： 杜文月

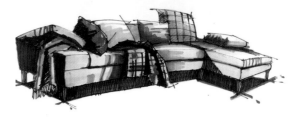

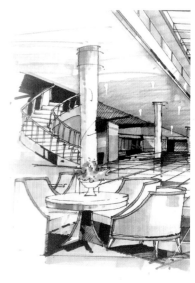

作业点评

优点：

❶ 整体视觉空间效果强，空间的塑造能力好。

❷ 形体关系准确。

❸ 颜色运用得收放自如，体现了娴熟的手绘技巧和深厚的功底。

❹ 空间造型质感表现真实。

11. 公共空间手绘临摹作品

室内设计第92期学员

指导老师： 曾添

姓名： 杜文月

作业点评

优点：

❶ 整体空间颜色运用得很好，颜色搭配协调，层次感丰富。

❷ 餐饮空间的流线造型，透视关系表现准确，空间结构明确。

❸ 各墙面造型、质感表现准确。

12. 公共空间手绘临摹作品

室内设计第48期学员

指导老师： 曾添

姓名： 桑侃

作业点评

优点：

❶ 空间形体关系表现得较为完整。

❷ 颜色过渡自然，马克笔和彩色铅笔结合，表现出了颜色的层次关系。

❸ 透视关系表现准确。

不足：

❶ 家具具体的形体结构表现得不够严谨，尤其是前半部分的家具。

❷ 高光笔运用得太过于频繁，导致画面会有一些"乱"和"花"的效果。

13. 展厅手绘临摹作品

室内设计第48期学员

指导老师： 曾添

姓名： 桑侃

作业点评

优点：

❶ 颜色关系对比强烈，增强了观者的视觉效果。

❷ 对于空间造型及结构有一定的控制能力。

❸ 形体结构把握较为完整。

不足：

❶ 地面马克笔的颜色和彩色铅笔的结合，过渡不自然，显得有点生硬。

❷ 空间视觉效果有局限，可以在最开始起稿时拉大空间的透视效果。

后记

　　本书通过8章内容，从易到难、从整体到局部地对室内设计手绘表现做了详细的介绍。希望能通过此书，让更多的手绘学习者、手绘爱好者和对手绘表现有需求的从业人员有进步。下面对于本书的重点，也可以说是手绘表现的技巧、重点进行总结。

　　第一，基础性的练习至关重要，如手绘线条练习、透视和明暗关系分析。

　　第二，临摹是一个很好的学习手绘的方式。

　　第三，对于颜色搭配，掌握基本的上色规律，整体空间颜色、色调统一。一开始可以从单体家具入手，再试着给组合家具上色，然后给整体空间上色。

　　第四，手绘必须要有量的积累，才能有质的变化，所以勤练习、多修改画面的不足与错误，这样才能积累丰富的绘画经验。

　　第五，掌握好手绘表现技巧后，一定要通过实践去运用，手绘效果图可以帮助我们表现自己设计想法，完善设计方案。